AF495946

LIGUE DU REBOIS[illegible]

DE L'ALGÉRIE

Reconnue comme établissement d'utilité publique [illegible]
en date du 30 juin 1886

BULLETIN paraissant tous les [illegible]

(Le montant de la cotisation, donnant droit à l'envoi [illegible]
de 6 francs par an) [illegible]

*Pour tout ce qui concerne la rédaction et la publi[illegible]
s'adresser au Président du Conseil d'Administration, [illegible]
[illegible], 39, Saint-Eugène (Alger).
Le bureau de la Ligue est ouvert tous les jours [illegible]
du soir.*

LA QUESTION FOR[illegible]

ALGÉRIENNE

devant le Sén[illegible]

ALGER
Imprimerie [illegible]
[illegible]

PRÉAMBULE (1)

Summumque munus homini datum arbores sylvœque intelligebantur. — PLINE.

Forêts et prairies sont pour la région santé et richesse.
Eau plus soleil égal foin.
Par l'eau, tous les terrains sont rendus fertiles. — OLLIVIER DE SERRES.

La France périra faute de bois. — SULLY.

La conservation des forêts est l'un des premiers intérêts des sociétés, et par conséquent l'un des premiers devoirs des gouvernements.... La destruction des forêts est souvent devenue pour les pays qui en furent frappés, une véritable calamité et une cause prochaine de décadence et de ruine. Leur dégradation, leur réduction au-dessous des besoins présents et à venir, est un de ces malheurs qu'il faut prévenir, une de ces fautes que rien ne saurait excuser et qui ne se réparent que par des siècles de persévérance et de privation.
Pénétrés de cette vérité, les législateurs de tous les âges ont fait de la conservation des forêts l'objet de leur sollicitude particulière. — DE MARTIGNAC.

Où trouver aujourd'hui ces anciennes forêts qui couronnaient nos montagnes, et y entretenaient des réservoirs pour des milliers de ruisseaux qui

---

(1) Comme préambule, nous avions pensé présenter quelques considérations sur le rôle de la forêt en général et sur son rôle en Algérie plus particulièrement. Mais notre appréciation sur un sujet aussi important pouvant, à juste titre, être contestée, nous avons estimé qu'il était préférable de donner la parole à des autorités scientifiques, administratives et politiques. Nous avons, en conséquence, recueilli le plus de citations que nous avons pu rencontrer ; c'est cette gerbe de citations que nous offrons au lecteur en matière de préambule.

portaient partout la fertilité dans les plaines ? Ces arbres antiques sous lesquels on trouvait d'impénétrables abris contre l'ardeur du soleil et contre les vents glacés de l'hiver, ont disparu, et avec eux cette température plus égale qui faisait participer le Midi à la fraîcheur du Nord et le Nord aux douces influences du Midi. La charrue a passé partout ; elle a dépouillé le sol de ses ornements et de ses plus utiles végétaux ; les sources ont été taries ; les champs ont vu les ruisseaux qui les arrosaient tantôt se dessécher, tantôt se changer en torrents dévastateurs... — LE COMTE DE MAILLY.

Si nous voulons conserver la fortune de la France, la fertilité de ses campagnes, n'abattons pas nos forêts nationales, comme ne craignent pas de le proposer encore de nos jours d'imprudents dissipateurs de la fortune publique. — HERVÉ MANGON.

Là où est la Forêt, là est la Patrie !

Les forêts précèdent les peuples ; les déserts les suivent. — CHATEAUBRIAND.

Partout où les arbres ont disparu, l'homme a été puni de son imprévoyance. Je puis vous dire mieux qu'un autre, Messieurs, ce que produit la présence ou l'absence des forêts, puisque j'ai vu les solitudes du Nouveau-Monde, où la nature semble naître, et les déserts de la vieille Arabie où la création paraît expirer. — CHATEAUBRIAND.

Les déboisements changent en déserts stériles et inhabitables les vallées les plus riches et les plus florissantes. — MOROGUES.

Conservez les arbres autant que vous le pourrez, si vous aimez l'humanité et la patrie. — DUPONT DE NEMOURS.

...Autrement, il n'est pas d'œuvre dont l'importance soit mieux démontrée. Et si on reboise, ce n'est pas pour reconstituer ces mines de combustible et de matériaux de construction, ces mines à fleur de terre, vivantes, hypostytes, voûtes de ramures éclairées par des vitraux de feuillage où la lumière s'irise — qui constituent les forêts ; c'est encore pour restaurer et tenir désormais en état les appareils hydrauliques naturels partout dégradés ; c'est également pour mettre un terme à l'altération des climatures.

Pour ces causes, des reboisements méthodiques s'imposent à toutes les nations d'Europe. Quand le temps sera venu, elles devront toutes ensemble ou séparément procéder hors de chez elles à des travaux analogues, en Asie notamment, et en Afrique, et sur une échelle telle que des forces considérables y trouveront longtemps leur emploi ; on ne saurait leur en donner de plus avantageux. — VICTOR MEUNIER.

Les forêts se détruisent, parce qu'il y a intérêt à les couper à blanc. Les cimes dénudées par suite des déboisements irréfléchis ouvrent les vallées à l'inondation et les coteaux à l'ouragan. Les ravages périodiques de ces inondations causent à la fortune publique un préjudice annuel de soixante millions, en perte de récoltes. La climature est détériorée ; l'olivier fait chaque année un pas de retraite vers la mer. Les provinces du Midi sont dévastées par le mistral. Les ingénieurs du Gouvernement, les Conseils de département déclarent que l'origine du mal est dans la destruction des forêts. — A. TOUSSENEL.

En abattant les arbres qui couvrent le flanc et la cime des montagnes, les hommes, sous tous les climats, préparent aux générations futures deux calamités à la fois : un manque de combustible et une disette d'eau. — HUMBOLDT.

On peut dire d'une manière générale que les forêts, comparables à la mer par leur influence, atténuent les différences naturelles de température entre les diverses saisons, tandis que le déboisement écarte les extrêmes de froidure et de chaleur, donne une plus grande violence aux courants atmosphériques et aux pluies torrentielles, une plus longue durée aux sécheresses... De même, les fièvres paludéennes et d'autres maladies endémiques ont souvent fait irruption dans un district, lorsque des bois ou de simples rideaux protecteurs sont tombés sous la hache.... Quant à l'écoulement des eaux, aux conditions de climat qui en dépendent, on ne saurait douter que le déboisement ait eu pour conséquence d'en troubler la régularité. La pluie, que les branches entrecroisées des arbres laissaient tomber goutte à goutte et qui gonflait les mousses spongieuses ou qui suintait lentement à travers les feuilles mortes et le chevelu des racines, s'écoule désormais avec rapidité sur le sol pour former des ruisselets temporaires; au lieu de descendre souterrainement vers les bas-fonds et de surgir en fontaines fertilisantes, elle glisse rapidement à la surface et va se perdre dans les rivières et dans les fleuves. La terre se dessèche en amont, le volume des eaux courantes augmente en aval, les crues se changent en inondations et dévastent les campagnes où d'immenses désastres s'accomplissent. — ÉLISÉE RECLUS.

La Provence se dépeuple parce que ses forêts disparaissent. — CH. DE RIBRE.

Maintenant on doit voir clairement où mène cet entraînement fatal de causes et d'effets, qui commence par la destruction des forêts et se termine par les misères de la population, condamnant ainsi l'homme à partager la ruine du sol qu'il a dévasté....

... De la présence des forêts sur les montagnes dépendent l'existence des cultures et la vie des populations. Ici le boisement n'est plus, comme dans les plaines, une question de convenance; c'est une cause de salut, une question d'être ou de n'être pas. — SURELL.

Il est toujours périlleux d'essayer de modifier, si peu que ce soit, ce que la nature a arrangé en y mettant le temps, beaucoup de temps. En quelques jours, l'homme détruit souvent, par ignorance ou par cupidité, le travail de centaines de siècles; puis, tout surpris du désordre causé par lui, il en accuse la Providence, fait processions et neuvaines afin de la rendre plus clémente. mais se garde bien de se considérer comme la cause principale du mal dont il souffre. — VIOLLET-LE-DUC.

En résumé, la forêt occupe une place importante dans la nature, dans le commerce, dans l'agriculture, dans l'hygiène. Elle crée de toutes pièces, ameuble et améliore le sol; elle égalise et régularise la température et le cours des eaux; elle est notre meilleure sauvegarde contre les inondations; elle assainit à la fois la terre et l'atmosphère; elle récrée le moral, restaure le physique de l'homme; elle lui fait goûter les beautés de la nature par les splendeurs de la végétation.

Voilà bien des titres à la protection contre les sévices auxquelles elle est en butte. C'est aux populations, mais surtout aux Gouvernements à aviser. — *Caveant consules.* — MAHÉ.

A mesure que les antiques forêts disparaissent, les sources se dessèchent; certaines races d'animaux meurent, et des vents inconnus jusque-là apparaissent. La terre perd tous les jours quelque élément de sa fécondité; de son sein, que de continuelles mutilations dévastent, sortent des cohortes de maladies dont la triste influence flétrit le charme de notre existence passagère. — RAUCH.

Le phylloxéra est facilité dans sa propagation ou amené par un ennemi plus puissant et plus général pour toute notre région. Il est évident que c'est cet ennemi qui doit attirer notre attention et notre vigilance, et que c'est lui que nous devons combattre avec le plus d'énergie.

Pour nous, cet ennemi non-seulement de la vigne, mais de toutes les cultures ; cet ennemi qui successivement et progressivement a fait renoncer le paysan à la culture du lin, du chanvre, du maïs et menus grains ; cet ennemi qui nous a contraint à substituer aux céréales, devenues à peu près improductives, la vigne, culture arborescente, à racines plus profondes ; cet ennemi qui s'accroissant tous les jours viendra ruiner bientôt jusqu'aux cultures arbustives et fruitières ; cet ennemi autrement terrible, autrement immédiat que le phylloxéra, c'est la sécheresse. Et quelle est la cause de la sécheresse ? Le déboisement. — JULES MAISTRE.

On peut dire que l'économie des arbres est le thermomètre de l'agriculture et de la civilisation d'un pays. — MAHÉ.

La destruction des forêts est le signe précurseur de la décadence des nations. — BAUDRILLART.

Les forêts, les eaux et les prairies sont les trois grands laboratoires de la nature, d'où découlent tous les biens qui doivent délecter l'homme sur la terre. Les forêts remplissent visiblement, après le soleil, le plus grand ministère ; elles semblent destinées à régir toutes les harmonies du globe. Sous leur bien heureuse influence, tout prospère... — RAUCH.

... Ce qu'il est impossible de contester, ce qui est au-dessus de toute équivoque, c'est l'influence qu'exercent les forêts sur la conservation même du sol des montagnes ; et à celui qui prétendrait le nier, on montrerait nos Alpes, qui en donnent une si forte et si déplorable preuve, une preuve évidente je ne dis pas à toutes les intelligences, mais à tous les yeux.

Pourquoi une vérité si simple, et d'un si grand intérêt, n'a-t-elle pas été tout d'abord assez fermement établie pour être comprise et acceptée par tous ? Ne serait-il pas grandement temps que l'opinion publique s'en occupât de nouveau ? La question en vaut la peine, car de sa solution dépend l'avenir de vie ou de mort de plusieurs de nos départements. — SURELL.

Je ne fais pas ici un rapprochement stérile. Je veux laisser entrevoir qu'il y a mieux à faire pour combattre les torrents que d'entasser, à grands frais, des maçonneries et des terrassements qui seront toujours, quoi qu'on fasse, de dispendieux palliatifs, plus propres à masquer la plaie qu'à l'extirper. Pourquoi donc l'homme ne demanderait-il pas un secours à ces forces vivantes, dont l'énergie et l'efficacité lui sont si clairement révélées ? Pourquoi ne leur commanderait-il pas de faire de nouveau, et cette fois par son ordre, ce qu'elles ont déjà fait anciennement sur tant de torrents éteints, et par l'ordre seul de la nature. — SURELL.

Ces tristes résultats que je viens de signaler, de toutes parts on les déplore. Tous les hommes qui ne sont pas aveuglés par l'ignorance, ou dont le cœur n'est pas desséché par l'égoïsme, expriment la pensée qu'il serait temps enfin d'arrêter les progrès toujours croissants d'une si effrayante dévastation. Ils gémissent sur les maux sans nombre causés par le déboisement des montagnes, et semblent nous appeler au secours de nos richesses forestières. Ces réflexions, ces vœux, je les ai plusieurs fois entendus, moi-même, prononcés avec cette énergie qu'inspire la conviction profonde d'un grand mal et de l'impérieux besoin d'en suspendre le cours. Entendons les cris de détresse d'une population alarmée sur son avenir... — DELAFONT.

Mais ces causes de misère (rigueurs du climat, de la politique et de la douane) déjà fort graves, ne sont rien en comparaison de celles qui proviennent de deux plaies, incurables jusqu'ici, de la région des Alpes françaises, les ravages des torrents et les progrès du déboisement... Des phénomènes de détresse inouïe se manifestent sur presque tous les points de la zone montagneuse, et la solitude y acquiert un caractère de désolation et de stérilité indéfinissable. La destruction successive des forêts a tari tout à la fois, en mille endroits, les sources et le combustible, c'est-à-dire après la terre, l'eau et le feu.....

Depuis quelques années, la destruction du territoire alpin s'opère avec une rapidité et une intensité incroyables. Tant que les arbres et les végétaux qui retenaient le sol sous le réseau de leurs racines ont opposé quelque résistance à l'action des eaux, le mal était partiel et isolé ; on souffrait sur quelques points, on respirait sur quelques autres ; aujourd'hui on est atteint partout. Le défrichement a complété les ravages du parcours et du déboisement. La dévastation marche à pas de géants....

Je ne donne ici qu'une imparfaite idée de ce fléau des Alpes, dont les ravages s'accroissent à vue d'œil sous l'influence du déboisement, et qui transforment chaque jour en stériles solitudes une partie de nos quatre départements frontières..

... Il n'a fallu, pour obtenir un pareil résultat, que maintenir un peu d'ordre sur cette vaste pelouse, dont il serait aisé de reproduire la richesse en la plaçant sous la sauvegarde des lois forestières ; car, même sur les surfaces les plus dénudées, sur le roc presque vif, lorsque la nature n'est pas contrariée dans ses efforts par l'incurie de l'homme, on voit s'élever en peu de temps une végétation assez énergique pour consolider le terrain, et qui ne cesse de s'accroître pourvu qu'on la préserve des atteintes des animaux.

Qui peut dire à quel degré inouï de prospérité on verrait s'élever, en peu de temps, les régions protégées contre la hache du bûcheron et la dent des troupeaux? On en a pu juger déjà sur différents points où, soit par la volonté des particuliers, soit par les sages résolutions des communes, quelques essais de défense ont été tentés. La nature y semble être accourue au devant des efforts de l'homme avec une promptitude de reproduction vraiment merveilleuse. — BLANQUI.

Dans ce magnifique bassin (celui d'Embrun), la nature avait tout prodigué. Les habitants ont joui aveuglément de ses faveurs ; ils se sont endormis au milieu de ses dons. Ingrats, ils ont porté inconsidérément la hache et le feu dans les forêts, qui ombrageaient les montagnes escarpées, tarissant ainsi la source ignorée de leurs richesses. Bientôt les prés ont été ravagés par les eaux. Les torrents se sont gonflés; ils sont tombés avec fureur sur les plaines; ils ont coupé, arraché et miné leurs bases. Des terrains immenses ont été enlevés ; d'autres ont été engravés ; ceux-ci sont recouverts de rochers ; ceux-là n'offrent plus qu'un gravier stérile. Les ravages continuent ; bientôt tous ces torrents auront anéanti ce beau bassin, qui naguère pouvait être comparé à tout ce que les plus riches contrées possèdent de plus fertile et de mieux cultivé. — HÉRICART DE THARY.

Dans les contrées que l'histoire ancienne fait connaître, on a pratiqué, dans les terrains en montagne et en pente, des déboisements dont les suites peuvent être appréciées d'autant mieux qu'il n'y a qu'à comparer l'état actuel des cultures avec celui de jadis. Il est regrettable que les enseignements qui se dégagent de cette comparaison n'aient pas trouvé des gens mieux disposés à en profiter. Mais, hélas ! en ces temps modernes, les forêts sont tout autant maltraitées et dévastées ; il en résultera des catastrophes, comme déjà la Suisse, l'Autriche et la France ont eu à en déplorer, jusqu'à ce qu'enfin tous ces enseignements viennent à pénétrer dans les esprits rebelles et dans les intelligences sans foi qui doutent encore. Ce n'est pas la science, mais une expérience de milliers d'années qui établit que le déboisement, principalement dans les terrains en montagnes, a pour résultante une diminution rapide dans les productions agricoles et finit par amener le dépeuplement et la désolation.

Les vallées jadis si riches du Tigre et de l'Euphrate ne portent plus, par suite du déboisement, que la végétation des steppes. — La Grèce était autrefois riche en bois et en sources; aujourd'hui elle n'a plus de forêts; mais la sécheresse y règne en permanence (les trois dixièmes du pays sont en forêts, mais les arbres y sont représentés par de maigres broussailles). — L'Asie Mineure a pu s'enorgueillir de ses ravissantes campagnes tant qu'elle a possédé ses magnifiques forêts de chênes, de tilleuls et de hêtres; actuellement la sécheresse règne et la végétation a disparu avec l'humidité. — Dans les montagnes d'Argos on ne trouve plus une seule source. — En Palestine, les forêts de chênes et les gras pâturages ont disparu ensemble; les misérables broussailles et les maigres prairies qui subsistent sont à peine susceptibles de nourrir des chèvres. — Dans la Campanie, les forêts ont disparu et, avec elles, des villes et des bourgades, les villas et les jardins. — Dans la contrée comprise entre le Piémont et la Provence, les terres arables ont diminué d'une façon extraordinaire et l'émigration des habitants va en augmentant. — En Russie, d'immenses étendues, jadis couvertes de forêts et maintenant déboisées, ne présentent plus que quelques broussailles; en revanche, les fleuves, même le Volga, voient constamment leur débit diminuer. — Dans l'Amérique du Nord, la destruction insensée des forêts produit des effets désastreux sur les conditions climatériques et sur la fécondité du sol. D'après certains rapports, l'humidité du sol de l'Amérique du Nord a diminué depuis cent vingt-cinq ans et pendant chaque quart de siècle de sept pour cent, par suite des déboisements. Cette diminution constante donne les plus grandes inquiétudes au point de vue du climat, de la fertilité, de la santé publique. — JULES HAMM.

La Dalmatie nourrissait deux millions d'habitants avant d'être conquise par les Vénitiens ; depuis, les vainqueurs la déboisèrent pour faire face aux nécessités de la marine, et de nos jours deux cent mille habitants y peuvent à peine trouver à vivre. — COMTE VALORI.

Le lac de Tiravagua, situé dans la vallée d'Avagua, province de Vénézuela, éprouvait au commencement de ce siècle, depuis une trentaine d'années, un dessèchement graduel dont on ignorait la cause. En 1822, le lac s'accrut et recouvrit des terres antérieurement cultivées. La guerre de l'Indépendance avait détruit la population ; les forêts, en regagnant du terrain, avaient rendu leur volume primitif aux rivières dont la réunion forme le lac de Tiravagua. — BOUSSINGAULT.

Certes, la différence est grande entre ce qui fut l'Ionie et ce qui est de nos jours le territoire turc de l'Anadoli ! La décadence est tellement évidente, que le nom seul de l'Asie Mineure évoque l'image de son glorieux passé et non celui de la triste époque contemporaine. La langue se refuse presque à nommer les provinces et les villes par leurs désignations actuelles ; on les revoit telles qu'elles existaient il y a deux mille années. Cependant il ne serait pas juste de répéter les accusations ordinaires contre les Osmanli, comme s'ils étaient les seuls coupables dans le contraste que présente la contrée comparée à ce qu'elle fut jadis. Ainsi que le fait remarquer Tchihatcheff, n'est-ce pas à l'état de ruine que les conquérants ont trouvé cet héritage ? Que de massacres et de ravages se sont succédé dans ces contrées, depuis les expéditions des Romains jusqu'aux croisades et aux incursions des Mongols !

Et parmi les changements qui se sont accomplis, n'en est-il pas qui doivent être attribués à la nature ou aux conséquences d'une mauvaise gestion du sol ? Actuellement, l'Asie Mineure est, parmi les contrées qui pourraient être en grande partie couvertes de bois, une de celles qui ont été les plus dépouillées. Nombre de documents anciens parlent de forêts existant en des régions de l'Anatolie où l'on ne voit maintenant que la terre nue ou de misérables broussailles. Le déboisement a certainement accru les écarts entre le froid de l'hiver et la chaleur de l'été, il a agi aussi sur le régime des eaux courantes en prolongeant les sécheresses et en rendant les crues plus soudaines, moins réglées dans leur cours ; les eaux ont formé de vastes marécages qui ont empoisonné l'atmosphère et rendu de vastes étendues presque complètement inhabitables ; dans certaines plaines basses, les villages qui s'élèvent sur l'emplacement d'antiques cités populeuses sont abandonnés en été sous peine de mort ; dans quelques-uns des districts les plus dangereux l'action pestilentielle se fait sentir jusqu'à l'altitude de 1,800 mètres. Et non seulement la détérioration du climat a réduit le nombre des habitants par les maladies miasmatiques, mais encore l'Asie Mineure a souvent été un foyer d'épidémies pour les populations occidentales ; que de fois les navires du Levant apportèrent la peste dans les ports de l'Italie, de la France et de l'Espagne ! — ÉLISÉE RECLUS.

..... Les auteurs s'accordent à dire que la Palestine était couverte de forêts sur une grande partie de son étendue ; maintenant elles ont entièrement disparu, si ce n'est dans le voisinage de la mer et sur quelques pentes bien exposées aux souffles humides ; les seuls débris qu'on en retrouve ailleurs sont des racines que les indigènes retirent pour en faire du charbon ou du bois de chauffage. Les cultures s'étendaient autrefois bien au-delà des limites actuelles ; jusqu'en plein désert, où l'eau nécessaire à l'irrigation manquerait aujourd'hui, on voit les traces d'anciennes plantations. La Palestine entière, actuellement si aride et si pierreuse dans toute la région méridionale, était couverte de végétation ; les montagnes étaient façonnées en terrasses, semblables à celles de la Provence et de la Sygurie ; de Dan à Beer-Sbah, même dans la péninsule de Sinaï, ont voit sur tout le pourtour des collines, les ruines de murs qui soutenaient la terre des vignobles. — ELISÉE RECLUS.

L'Espagne centrale ne fut pas toujours aussi morne. Sa dégradation, sa laideur viennent du déboisement. Les forêts, les bouquets de bois, les arbres de clôture même ont disparu sous la pioche et la hache du paysan, qui s'est cru pratique et n'était qu'insensé. — E. RECLUS.

L'histoire nous montre que, faute d'avoir su conserver cet équilibre (entre les cultures et la surface boisée), la civilisation n'a pu se maintenir sur aucun des points où elle s'est successivement établie. Ces ruines des empires accumulées par les siècles, on a cherché longtemps à les expliquer par une prétendue loi fatale qui pousserait la civilisation de l'Orient en Occident. Bossuet a voulu nous y montrer la main de la Providence. Mais la raison humaine a refusé de se courber devant ces explications surnaturelles. Il était réservé à notre époque de montrer la main de l'homme détruisant son propre ouvrage par le trouble qu'il apportait lui-même à l'équilibre des bois et des cultures. En modifiant ainsi le climat, il changeait les mœurs, les usages et détruisait les conditions qui avaient rendu la civilisation possible. — REYNARD.

Mais dans ce laboratoire d'où tout sort et où tout

rentre, qu'on appelle la terre, il y a un élément essentiel, surtout par ses services immatériels. qui mérite avant tout qu'on s'en occupe : c'est la Forêt.

Rien ne saurait être négligé de ce qui la concerne, puisque, jusqu'à présent, les hommes n'ont point réussi à se passer d'elle et que, un peu plus tôt ou un peu plus tard, ils ont dû quitter tous les lieux d'où ils l'avaient chassée...

Si nous ne voulons pas que nos tombes montrent, à leur tour, ce qu'il en coûte à l'humanité quand elle prétend maîtriser la nature au gré de ses désirs, faisons à nos forêts la place nécessaire pour la protection de nos cultures, l'alimentatiou de nos cours d'eau, la purification de l'air que nous respirons, la satisfaction des besoins de notre outillage, et rétablissons entre elle et les terrains cultivés un équilibre qui est encore plus désirable pour ces terrains au profit desquels il a été rompu que pour les forêts elles-mêmes....

Il est clair que dans le monde politique, les questions forestières sont regardées comme ne présentant qu'un intérêt très secondaire. C'est par là que s'expliquent les décisions regrettables auxquelles je viens de faire allusion, et elles n'en sont que plus décourageantes. MAIS LA VIE DES NATIONS N'EN RESTE PAS MOINS ATTACHÉE A CELLE DES FORÊTS. C'EST UNE LOI FATALE ET CE N'EST POINT EN S'EN MOQUANT QU'ON LA SUPPRIMERA.

La vie des hommes est attachée à celle des arbres, on l'oublie trop. Parmi les nations civilisées et rivales, la France est déjà une de celles qui possèdent le moins de bois, motif d'infériorité plus grave qu'on ne le pense. La Provence se dépeuple, parce que les forêts disparaissent. — TASSY.

Toutes ces civilisations différentes par l'origine et le temps, celles qui avaient des villes d'un million d'habitants, ou qui ont couvert le pays de forteresses, de ponts, d'aqueducs et autres monuments d'utilité publique ; toutes polythéistes, chrétiennes, musulmanes, furent absorbées par le Sahara humain et sablonneux. Or, le même fait se reproduira si la science positive ne triomphe pas de ce destructeur,

Cependant, bien qu'il nous soit démontré que l'Afrique, avec sa composition actuelle, s'oppose énergiquement au perfectionnement de la race humaine, est-ce à dire que toujours et inévitablement il en sera ainsi ?

Les indigènes et les débris des peuples qui s'y indigéniseront sont-ils toujours et inévitablement destinés à croupir sous cette influence délétère ?

Oui, s'ils laissent le sol tel qu'il est, tel qu'il a été.

Non, s'ils lui résistent et le modifient par des travaux bien conçus et opiniâtrement exécutés...

Supposons comme exemple qu'une nation puissante par son énergie, sa volonté et ses moyens d'action, viennent se fixer sur le point le plus réfractaire de toute l'Afrique, sur la côte Barbaresque. Soit la France !

Que là elle veuille réagir contre l'influence du sol et changer la surface du pays. Ainsi, qu'elle couronne les montagnes de vastes plantations, qu'elle dessèche les marais fangeux, qu'elle assainisse les plaines et les vallées, qu'en tous sens elle trace des voies de communication par des routes et des canaux... croyez-vous qu'alors elle ne rendrait pas cette contrée toute différente d'elle-même, et qu'alors l'influence du sol ne tournerait pas à l'avantage de la race humaine qui vivrait en ces lieux?....

Ainsi ne laissons pas le sol tel qu'il est. N'organisons pas l'Afrique par l'Afrique; mais transformons-la en terre nouvelle. — Dr Bodichon.

De Madrid à Jérusalem, l'histoire et la géographie répètent: forêts livrées aux moutons, forêts détruites; montagnes sans bois, montagnes sans vie. — Broilliard.

Ce ne sont pas les guerres qui ont fait le plus de mal à la région de la Méditerranée, mais bien la sécheresse, amenée et aggravée par les déboisements irréfléchis et par l'abus exagéré du pâturage des moutons dans les montagnes. — Dehérain.

Le déboisement, voilà la principale cause des échecs subis par l'agriculture en Algérie! — M. Calmels.

Les membres du congrès d'Alger, qui ont parcouru les diverses provinces de la colonie, ont été frappés de l'état de dévastation dans lequel se trouvent beaucoup de nos forêts. Exploitées sans méthode, livrées aux déprédations des indigènes, désolées par de fréquents incendies, ruinées par le passage de troupeaux de chèvres et de moutons, qui dévastent les jeunes pousses et les bourgeons, nos forêts sont loin de fournir au pays le revenu qu'il pourrait en tirer; c'est une source de richesses encore inexploitée, ou exploitée avec gaspillage, ce qui est encore pire. Nous avons vu des forêts de thuyas, où les jeunes arbres avaient été littéralement anéantis par les chèvres... — Chesnel.

Pour préserver d'une ruine totale nos nomades, l'Administration a pris une mesure quelle doit amèrement regretter : elle a autorisé le parcours dans les forêts domaniales ; or, laisser les moutons, les chèvres et les chameaux séjourner dans les bois ou plutôt dans les maquis broussailleux d'Afrique, c'est condamner ceux-ci à un dépérissement rapide ; et cependant la forêt devrait être conservée comme le plus précieux de tous les biens, agrandie, soignée comme l'agent le plus puissant de la fertilité.

Le déboisement qui amène la sécheresse me paraît être, en effet, la cause qui produit la stérilité. — DEHÉRAIN.

... L'Algérie, à son tour, traverse une crise dont elle doit sortir plus vigoureuse ; en ce moment, elle est tout entière à la culture de la vigne et peut-être trouvera-t-elle qu'on est mal venu de la détourner de la voie dans laquelle elle s'engage avec une extrême ardeur ; à coup sûr, la culture de la vigne amènera, pendant les prochaines années, une richesse inconnue jusqu'à présent, et contribuera certainement, dans une large mesure, aux progrès de l'Algérie ; mais, il faut se le rappeler, il n'y a pas de culture plus dangereuse ; et ce n'est pas sans trembler qu'on envisage les ravages que causerait l'invasion du phylloxéra dans un pays, qui se serait livré trop ardemment à la création des vignobles ; le mal serait terrible et le progrès complètement arrêté. *L'Algérie reboisée et arrosée est à l'abri de toute catastrophe, car toutes les cultures y sont possibles.* — JULES MAISTRE.

Dans une époque plus rapprochée de nous, les chotts (des Hauts-Plateaux) ont dû former tout un chapelet de lacs, disposés comme ceux de l'Amérique du Nord. La région de l'Atlas avait alors un autre climat ; d'épaisses forêts couvraient les montagnes ; les pluies étaient plus abondantes et plus fréquentes ; de vraies rivières couraient dans les vallées. L'éléphant, l'ours, le bœuf zébu trouvaient à vivre dans ce pays boisé et humide. Maintenant les Hauts-Plateaux, secs et dénudés, ont un climat extrême... Les écarts de température sont énormes entre les saisons ; bien plus, entre les différentes heures du jour. Sur ces grandes plaines unies, sans abri et sans ombre, l'ardeur du soleil tombe de tout son poids ; mais à peine le jour a-t-il baissé que le sol rayonnant librement renvoie toute la chaleur reçue. — MAURICE WAHL.

C'est dans les pays chauds surtout que l'absence de forêts devient un obstacle sérieux à la colonisation ; c'est la destruction progressive des forêts par les incendies et le vain pâturage qui a fait déchoir la colonie romaine de son ancienne splendeur, et qui a transformé en solitudes désertes et malsaines l'emplacement de villes autrefois florissantes....

L'existence des forêts dans un pays est une circonstance heureuse, favorable à la colonisation ; les forêts expriment la fécondité du sol ; elles en sont à la fois la source et le témoignage. Au point de vue hygiénique, elles sont une cause puissante d'assainissement du sol : tout arbre de cinq ans sauve la vie d'un homme. C'est par les forêts que l'homme peut espérer modifier dans une certaine limite le milieu, les conditions météorologiques d'une contrée. — Dr VALLIN.

C'est en effet dans notre belle colonie du nord de l'Afrique que le péril est le plus grand. Là le déboisement a fait des progrès terribles ; il entraîne après lui la sécheresse, la stérilité et l'insalubrité du pays, Il est temps encore d'y remédier, mais il n'y a pas un instant à perdre ! — Dr JULES ROCHARD.

Si à toutes ces causes favorables à l'acclimatement de l'Algérie, nous ajoutons celles, non moins avantageuses, qui résulteront de la culture des terres, et surtont du reboisement de ce pays, il est impossible de ne pas voir l'avenir de cette contrée se dépouiller peu à peu de toutes les causes d'insalubrité qui l'infectent encore. — Dr Bonafont,

L'utilité du boisement n'est du reste contestée par personne ; l'on admet même volontiers, comme une vérité banale, son influence sur le régime hydrologique d'un pays ; mais l'on déboise toujours et l'on plante bien peu. Or, avec un pareil système, dans les contrées analogues à l'Algérie, on arrive à faire un désert d'une contrée fertile. De terribles exemples sont là pour nous le démontrer. — Professeur Battandier.

Les Hindous out un proverbe d'après lequel *celui qui a planté un arbre peut mourir*, parce que sa vie n'aura pas été inutile au reste des hommes.

Renversant la proposition, nous n'irons pas jusqu'à dire, tant nous avons de respect pour les arbres, que celui qui détruit un arbre mérite la mort.... Comme au fond, nous ne voulons la mort de personne, nous nous bornerons à demander beaucoup d'années de prison pour les incendiaires des forêts d'abord, mais surtout pour les chefs de ces allumeurs, grands criminels restés impunis jusqu'à ce jour.

Incendier des forêts en Algérie, dans une contrée sans bois, sans eaux courantes sans pluies, dans un pays bordé au Midi par le Sahara ! Mais si c'est un crime ailleurs, que sera-ce donc ici ! — Paul Blanc.

Ces deux questions de l'aménagement des eaux et du boisement des hauteurs sont les deux questions vitales ; les autres ne sont que l'accessoire.

Leur solution suffirait à elle seule pour opérer une transformation importante. — Général Lacretelle, 1868.

Aussi longtemps qu'une goutte d'eau ira se perdre au loin sans notre permission, il ne faut pas songer à donner à notre agriculture son complet et réel développement. L'Algérie ne saurait rester étrangère à ce grand mouvement scientifique (étude des forêts et des bois), elle qui doit apporter le plus prompt remède à l'état déplorable dans lequel se trouvent ses ressources forestières...

Il semblerait en résulter que l'Algérie est un pays favorisé au point de vue des pluies. Malheureusement cette répartition est fort irrégulière, et elle cause chaque année les plus vives appréhensions à l'agriculture !

Les localités sont malheureusement trop nombreuses dans le Nord de l'Afrique, où les eaux sont rares et parcimonieusement distribuées....

L'étendue relative des forêts à la surface générale qui, en Europe, est de 29 0/0, est en Algérie à peine de 12 0/0, grâce aux pratiques désastreuses de l'industrie pastorale indigène. Et les nécessités climatériques exigent qu'elle soit ici beaucoup plus forte qu'ailleurs !

L'ignorance générale est du reste, si grande à cet égard, que l'on a vu tout récemment une grande assemblée algérienne (1) demander le défrichement de 500,000 hectares, c'est-à-dire du *quart* de ce qui nous reste de forêts ! La motion est tellement ABSURDE que je crois qu'il y a eu erreur et qu'on a voulu dire qu'il fallait ajouter, pour commencer, 500,000 hectares à ceux qui existent.- O'Mac-Carthy.

Je signale les malheureux effets du déboise-

(1) Le Conseil Supérieur.

ment en Algérie, opéré par les Français et accéléré par les Arabes depuis la conquête .... Il est à craindre que le mal soit sans remède. — CAPITAINE BROCARD.

C'est une question capitale que le rétablissement des forêts en montagnes, tant dans le midi méditerranéen de la France qu'en Algérie. J'oserais même dire que, pour l'Algérie plus particulièrement, tout l'avenir est là...

D'où viennent les échecs si souvent répétés et les lenteurs de la colonisation dans ce vaste et beau pays ? Il n'y a pas à chercher bien loin ; tout le monde est d'accord pour en accuser la sécheresse, c'est-à-dire la rareté des pluies aux époques de l'année les plus décisives pour le succès des cultures. C'est aussi, quoique seulement de loin en loin, l'excès de la pluie, qui n'étant pas emmaganisée dans le sol trop dénudé, se précipite sur les pentes en torrents dévastateurs, et s'accumulant dans les bas-fonds, y produit ces flaques marécageuses où s'engendre la fièvre.

Si la cause du mal est bien connue, le remède ne l'est pas moins : c'est le reboisement des terres en pentes ; mais au point où en sont les choses, l'intervention du gouvernement est indispensable. Il faudrait opérer sur de si vastes surfaces que tous les efforts des particuliers, agissant isolément ou même de concert, resteraient à peu près sans résultat. A un mal général qui menace tout le monde il faut opposer des mesures générales, et le gouvernement seul en est capable. — NAUDIN.

La grande mesure conservatrice en Algérie, c'est l'entretien des forêts et la régularisation des cours d'eau ; deux millions et demi d'hectares de forêts à préserver ou plutôt à restaurer, c'est une lourde tâche ; et cependant si on ne le fait avec soin, la colonisation est en péril ! — LEROY-BEAULIEU.

On l'oublie trop, c'est là une question de premier ordre pour la prospérité de la colonie; la conservation des forêts est en même temps la conservation des sources et des cours d'eau existants, et c'est la seule défense que l'homme puisse opposer à la sécheresse du climat. — S. NIEPCE.

.... Si l'on ne se décide pas à des mesures énergiques, non seulement pour arrêter la marche du déboisement en Algérie, mais pour améliorer les forêts qu'elle contient encore et en créer d'autres, nos colons auront bien vite épuisé les éléments de fertilité que nous avons trouvés dans ce pays quand nous en avons fait la conquête; les sables du Sahara envahiront les Hauts-Plateaux; les pluies de plus en plus rares et torrentielles ne serviront qu'à dépouiller les pentes de leur terre végétale; les Kabyles eux-mêmes seront forcés de déserter leurs champs et les Bédouins, avec leurs moutons, se mettront à la place de la race intelligente, tenace au travail, hospitalière et docile. Voilà ce que deviendra cette nouvelle France où Prévost-Paradol voyait pour l'ancienne un moyen, une source inespérée de régénération ! — TASSY.

Les monuments de pierre et de bronze dont nous remplissons nos villes ne feront pas vivre leurs habitants. Quand les fléaux, suite de la détérioration des climats par le fait de déboisements inconsidérés, se seront accrus, que les populations seront décimées et démoralisées, il sera trop tard pour remédier au mal ; et ces fléaux qui se constatent déjà sur bien des points, seront alors un fait général...

Notre légèreté est réellement incroyable ; nous faisons des routes, des chemins de fer, des ports, et l'on ne s'aperçoit pas que l'édifice manque par la base ; car si le peu de forêts qui nous reste disparaît, l'Algérie devient inhabitable pour les Européens ; et, par la force des choses elle retombera dans la sauvagerie...

A quelque point de vue qu'on se place, la conservation et l'extension des surfaces boisées sont une question suprême pour l'Algérie ; que le Gouvernement agisse donc comme le ferait un père de famille jaloux d'assurer l'avenir de ses enfants !...

Que ses gouvernants qui ne doivent se laisser diriger que par des idées supérieures, ne laissent pas à la génération qui nous remplacera le droit de les accuser de n'avoir pas su prévoir, et de ne pas avoir conjuré en temps opportun le danger qui nous menace, et qui est signalé de toutes parts ! — TROTTIER.

Le manque d'eau ou, si l'on veut, la trop grande irrégularité des saisons, voilà le grand obstacle à la colonisation de l'Algérie. Il ne faut pas nous laisser entraîner par les avantages passagers que peut présenter la culture de la vigne ; il est essentiel, avant toute chose, de ne rien conseiller qui soit de nature à aggraver la sécheresse, trop fréquente dans ce pays, comme dans tous ceux qui avoisinent les bords de la Méditerranée.

Tous nos efforts doivent tendre à mieux utiliser les eaux qui existent, soit en créant des barrages dans les montagnes, en les multipliant sur des points choisis, soit en favorisant les canaux d'irrigations, soit encore en reboisant et regazonnant les hauteurs et les pentes. — DÉHÉRAIN.

C'est surtout dans les pays chauds qu'il faut conserver les forêts, parce que, d'une part, elles abaissent la température ; et que, d'autre part, elles provoquent les pluies sans lesquelles il n'y a pas de végétation possible. Le salut de la colonie est à ce prix. — MAHÉ.

Cependant, la conservation et le bon aménagement des forêts de l'Algérie ont une importance capitale, non pas tant pour les produits en bois qu'elles peuvent fournir, que pour la fixation de l'humidité atmosphérique, l'augmentation de la hauteur annuelle des pluies, la régularisation des sources, des nappes artésiennes et des cours d'eau, la création de puissantes barrières contre les vents du Sud. Il est acquis, en effet, qu'en Algérie il y a une relation constante entre la densité des peuplements forestiers et les indications pluviométriques. La fréquence des pluies est en proportion de l'étendue et de l'épaisseur des boisements. Malheureusement, la quantité moyenne de pluie qui tombe sur l'Algérie est loin de ce qu'elle pourrait être, si les pentes et les vallées tournées du côté de l'horizon d'où viennent habituellement les nuages chargés d'humidité présentaient un boisement suffisant. — DOUMERC.

L'eau fait défaut au point que le législateur de 1851 a classé les cours d'eau de toute sorte et les sources dans les dépendances du domaine public.
... En Algérie, la sécheresse est un des plus grands obstacles à la colonisation et les mesures que je sollicite pour la conservation des forêts doivent être considérées comme des mesures de SALUT PUBLIC. — *Rapport du Budget de l'Algérie*, 1883.

L'état du pays exige impérieusement le repeuplement des espaces vides qui se trouvent dans les forêts, en même temps que la création de nouveaux massifs. Les défrichements exagérés, les incendies et surtout l'abus du pâturage, placent l'Algérie tout entière dans un état d'habitabilité très critique. L'initiative prise par la Ligue du Reboisement restera stérile si l'Etat ne prend le parti non seulement d'encourager cette initiative, mais encore de reboiser lui-même, au point de vue de l'utilité générale. — *Rapport du Budget*, 1884.

Ainsi que nous l'avons déclaré dans notre exposé des motifs, la situation des forêts en l'Algérie mérite une attention toute particulière de la part des pouvoirs publics. S'il est possible d'ajourner certains travaux utiles, de ralentir l'exécution de certains autres, il ne peut être permis de détruire de ses propres mains une richesse immense qui peut donner de très bons profits au Trésor et qui, en outre, présente au point de vue climatologique des avantages du plus haut intérêt. Or, depuis la conquête de l'Algérie, les forêts de ce pays ont été livrées, abandonnées aux déprédations, aux dévastations des indigènes. — *Rapport du Budget de l'Algérie*, 1885.

... Le mal a fait de tels progrès qu'il inspire de sérieuses inquiétudes sur l'influence résultant, pour le climat de l'Algérie, de ces grandes destructions de forêts. — ERNEST PICARD. *Rapport à l'Assemblée nationale*, 8 juillet 1872.

« Les forêts de l'Algérie sont depuis longtemps menacées de destruction ; elles paraissent avoir été florissantes à l'époque carthaginoise et romaine et même après l'invasion des Arabes. Un historien arabe du Xe siècle rapporte que, de Tripoli à Tanger, tout ce vaste espace n'était qu'un ombrage continu. Il est probable que les villes romaines, dont les vestiges subsistent dans l'intérieur, devaient avoir à leur portée l'eau et le bois ; elles ne les auraient plus aujourd'hui... A mesure que les forêts dépérissent, *les sommets de l'Algérie condensent moins de nuages et le climat devient plus sec.* De 1836 à 1848, la moyenne annuelle de pluie était à Alger de 800 millimètres ; de 1849 à 1861, de 770 ; de 1862 à 1876, de 639. Nos colons et les indigènes signalent, sur nombre de points, la disparition et l'affaiblissement des sources. » — BURDEAU. *Rapport 1892.*

Les observations contenues dans la pétition (1) sont malheureusement beaucoup trop exactes. Nous avons en 1879 parcouru toute l'Algérie. C'est avec regret que nous avons pu constater dans l'ensemble des terrains désignés comme forêts, beaucoup plus de broussailles que de bois.

... Ce n'est pas en quelques lignes qu'on peut développer l'examen des avantages immenses que procurerait l'encouragement des plantations des arbres de la Flore algérienne. Mais un résultat immédiat, c'est la multiplication des eaux et la salubrité de l'air. Ces faits sont constatés par l'étude la plus élémentaire de l'action réciproque du règne végétal sur le règne animal. — LECOINTE, *rapporteur*.

Plusieurs membres de la Direction centrale de la Ligue du Reboisement en Algérie s'adressent au Sénat pour appeler sa sollicitude et celle du Gouvernement sur la question forestière. Elle n'a nulle part, en effet, plus d'importance que dans un pays où l'existence des forêts, en augmentant la quantité des eaux à emmagasiner, se lie étroitement à l'avenir de la colonisation, et où, suivant les expressions du Conseil supérieur, le déboisement progressif ferait, dans quelques années, du Tell algérien le prolongement du Sahara.... — LA CAZE, *rapporteur*.

Les pétitionnaires font remarquer que le déboisement de l'Algérie aura pour résultat, si l'on n'y met ordre, de frapper de stérilité le Tell algérien et d'en faire comme le prolongement du Sahara ; tandis que le reboisement aurait pour effet d'augmenter la quantité de pluie et d'accroître le débit des sources qui, depuis une dizaine d'années, ont diminué d'une façon alarmante. Ils demandent, en

(1) Pétition de la Ligue de Reboisement.

conséquence, que les lois qui devaient compléter l'œuvre entreprise par le législateur de 1874 pour préserver les richesses forestières de l'Algérie vous soient soumises à bref délai par M. le Ministre de l'Agriculture, et enfin que l'Administration veuille bien rendre applicable à l'Algérie la loi du 2 avril 1882.

Ces vœux sont amplement justifiés et la Commission ne peut que proposer de les appuyer très vivement en prononçant le renvoi à M. le Ministre de l'Agriculture de la pétition des membres de la Direction centrale de la Ligue du Reboisement *(Renvoi au Ministère de l'Agriculture)*. — LETELLIER, *rapporteur*.

« Le Conseil Général du département d'Alger, pénétré de la nécessité qu'il y a d'empêcher le défrichement inconsidéré du sol, notamment sur les montagnes et sur les coteaux dont la pente ou la constitution géologique laissent entraîner les terres par les pluies, émet le vœu que le titre XV du Code forestier, relatif au défrichement des bois, soit appliqué désormais en Algérie... » Vœu déposé au Conseil Général d'Alger par MM. Bourlier et Malglaive.

Votre 1re Commission, après avoir entendu l'exposé des motifs présenté par l'un des signataires du vœu, vous propose d'appuyer ce vœu et d'adresser à l'administration l'exposé des motifs rédigé par M. de Malglaive, en insistant sur la nécessité pour l'Administration forestière d'apporter un soin tout particulier dans l'examen des autorisations de défrichement à accorder.

Les montagnes dénudées de la Provence, celles du Languedoc, les déserts rocheux de l'Espagne, où il ne pleut qu'à de rares intervalles, sont là pour prouver qu'il y a dans la conservation de certaines forêts un intérêt capital et que, si parfois la génération présente gagne à un défrichement, ce n'est qu'en exposant celles qui viendront après elles à des alternatives d'inondations furieuses et de sécheresses désolantes.

Il est grand temps de songer à cette perspective en ce qui touche le département d'Alger.

Tout en respectant les droits des propriétaires de faire défricher des broussailles situées en plaine ou sur des coteaux peu inclinés, nous devons appeler la sérieuse attention de l'Administration sur le danger de laisser inconsidérément défricher les pentes raides. Ces pentes transformées en culture ne donneront jamais que de maigres résultats, jusqu'au jour où un orage, entraînant à la mer les terres qui les recouvrent, laissera le roc à nu, pour doubler par la réverbération l'intensité de la chaleur de nos étés, et tarir les sources dont le bassin d'alimentation aura été ainsi détruit.

Voilà le résultat certain auquel on arrive par le défrichement des coteaux.

Citons l'exemple de la Provence et de l'Espagne, plus près de nous Oran avec la montagne de Santa-Cruz, Orléansville et les collines dénudées de la plaine du Chéliff.

La Société, menacée ainsi dans ses conditions de vie, a incontestablement un droit de légitime défense et elle peut s'opposer à un acte qui stériliserait le pays...

J'ajouterai que les propriétaires de bois ont autant d'intérêt que les autres citoyens, et souvent plus, à la salubrité du pays où sont situées leurs propriétés, à l'entretien des sources, à un juste équilibre entre les pluies et les sécheresses, toutes choses que de grandes surfaces boisées contribuent puissamment à conserver.

C'est une vérité mise depuis longtemps hors de doute par de nombreuses expériences...

Il est urgent de remédier à une situation qui empire de jour en jour, en priant M. le Préfet de rappeler à l'Administration des Forêts qu'il lui appartient de prendre des mesures efficaces à cet égard et aux Maires du département qu'ils doivent tout leur concours à cet œuvre de salut public, en leur faisant comprendre la gravité du danger. — DEMOLY, rapporteur.

L'Algérie est de tous les pays du vieux monde en dernière ligne comme pays forestier, le dernier aussi sur le tableau des contrées où le reboisement est pratiqué. L'Algérie vient après l'Espagne dont le climat a été si profondément modifié par la destruction des surfaces boisées, après la Turquie où cette administration ne passe pas pour être progressive.

Faut-il en présence des résultats déjà obtenus, de notre infériorité si absolue en fait de reboisement, alors que nous ne cessons de réclamer contre les défrichements exagérés des bois et broussailles, appuyer le vœu de nos collègues ? (1) Votre 3e Commission ne le pense pas. Elle estime que la colonisation ne gagnerait pas beaucoup au défrichement de quelques hectares de mauvaises terres. La terre boisée est trop rare en Algérie et la terre labourable assez abondante pour qu'elle ne trouve qu'avantages au maintien du boisement actuel. — *Conseil Général d'Alger*, M. BOURLIER, rapporteur.

Si nous n'y prenons garde, dans peu d'années, nos terres complètement dénudées iront à la mer, et le Tell algérien deviendra comme le prolongement du Sahara.

Le déboisement sans discernement qui se pratique dans les lieux inaccessibles, et sur des sols impropres à la culture, paraît aux yeux de tous une des causes les plus puissantes de cette perturbation.

Le régime des eaux est de plus en plus compromis par le déboisement des crêtes, dans presque

(1) Vœu demandant le déclassement des terrains forestiers.

toutes les régions; le débit des sources subit chaque année une diminution croissante. » — BOURLIER. Conseil Supérieur, 1881.

...Depuis quelques années, ces départements (Oran et Alger) plus particulièrement éprouvés par une sécheresse persistante, ont vu diminuer d'une façon inquiétante le débit de leurs sources; quelques-unes déjà même ont tari...

Dans certaines localités de la province d'Oran, il a fallu renoncer à arroser les jardins maraîchers; et l'on est menacé de n'avoir plus d'eau pour boire et pour abreuver les troupeaux.

Au Sig, on a dû il y a quelques mois transporter de l'eau sur des wagons-citernes de la Compagnie P.-L.-M.

...Le reboisement de l'Algérie est, comme la question de l'eau à laquelle il se lie intimement, une question vitale, dominant à juste titre toutes les autres, à l'heure actuelle. Un véritable cri d'alarme est poussé d'un bout à l'autre de la colonie, particulièrement dans la province d'Alger et dans celle d'Oran dans lesquelles un déboisement sans discernement a compromis pour longtemps la fertilité d'autrefois. M. le Gouverneur Général, dans des considérations dont vous apprécierez le caractère élevé, nous a fait connaître cette inquiétante situation de la Colonie, les mesures prises et les efforts tentés pour réparer un mal qui n'est pas sans remède.

Il ne peut être conjuré cependant et les désastres ne peuvent être évités dans l'avenir que si les communes et les particuliers se joignent à l'Administration pour multiplier les plantations d'arbres... — MONBRUN, Conseil supérieur, 1883.

Bien que l'on soit au cœur de l'hiver, toutes les fontaines sont taries. Les puits suffisent à peine aux besoins du ménage; et bientôt, à leur tour, ils seront à sec. Quant aux troupeaux, on est obligé de les mener au loin, dans les quelques endroits où les mares contiennent encore une eau plus ou moins potable. Comment envisager l'avenir sans effroi ? L'eau manque l'hiver, que sera-ce l'été ?... — *Délibération du Conseil municipal de Dély-Ibrahim*, 1881.

Ce n'est pas seulement à Alger que l'on se plaint du manque d'eau. La ville de Saint-Denis-du-Sig a failli mourir de soif ; les boulangers ont dû renoncer, faute d'eau, à fabriquer du pain ; les norias sont épuisées ; dans la plaine on voyait les chèvres et les moutons expirer de soif sur la berge de la rivière à sec ; les habitants qui n'avaient pas d'argent se mettaient à genoux et suppliaient qu'on leur donnât un verre du bienfaisant liquide. Le maire a réquisitionné tous les chevaux et voitures de la localité pour aller chercher de l'eau potable dans les réservoirs des environs. A leur retour en ville, la foule s'est précipitée sur les tonneaux et une véritable bataille s'est engagée.

D'autres mesures ont été prises d'urgence pour l'alimentation de la ville. Des demandes ont été faites auprès de la Compagnie des chemins de fer ; elle a promis d'amener tous les jours au Sig un train chargé de tonneaux. En attendant, les malades eux-mêmes sont rationnés à l'hôpital ; ils reçoivent un quart d'eau par jour...

... Le premier convoi d'eau est arrivé aujourd'hui. Les mêmes scènes de désordre se sont reproduites au moment de la distribution. La victoire reste aux plus forts qui seuls ont de l'eau... j'ai payé vingt-cinq centimes cinq litres d'eau, et cela grâce à de hautes protections. Une famille composée de tout jeunes orphelins, n'avait pas bu depuis deux jours... — *Atlas d'Oran.*

Les nombreuses ruines romaines qui couvrent le sol, dans des contrées aujourd'hui inhabitées, attestent que ces régions étaient autrefois occupées par une population considérable, qui ne pourrait plus être alimentée ni par des eaux prises à la surface ni par des puits. Il serait également impossible d'approvisionner de bois ces centres dont les emplacements se trouvent à de grandes distances des forêts. On est donc autorisé à conclure que les bois ont été détruits et que leur disparition a amené le dessèchement des sources et des nappes souterraines...

Les forêts furent attaquées par le feu pour fournir des paturages ; avec elles, les sources disparurent ; le vide se fit et s'étendit peu à peu de la plaine à la montagne. Les procédés et les résultats sont restés les mêmes ; les incendies suivis de pâturages sont encore aujourd'hui l'élément le plus redoutable de destruction pour les forêts de l'Algérie... Les sécheresses, l'appauvrissement des sources, les ravages occasionnés par les eaux au moment des fortes pluies, tout indique une situation qui éveille de toutes parts des préoccupations fort légitimes... — COMBES, Conservateur des forêts, Alger.

L'opinion générale se préoccupe avec raison de la disparition des boisements en Algérie au point de vue de l'aggravation de la sécheresse et des approvisionnements futurs en bois... Le déboisement ou même le débroussaillement des terrains impropres à la culture, par suite de leur inclinaison, de leur pauvreté ou de leur sécheresse, est donc en Algérie, une calamité au point de vue du climat et des eaux... Il n'est pas moins funeste sous le rapport pastoral et agricole... Mais, avec la dénudation s'accroît la sécheresse ; celle-ci ne permet pas de remplacer par des prairies artificielles le pâturage naturel qui disparaît ; or, sans bétail, point d'engrais ; et sans fumure, point de terres indéfiniment productives...

Cependant le déboisement des Melks se poursuit avec une aveugle ardeur...!

... Le déboisement des terrains impropres à la culture, dans la province d'Oran, stérilise chaque année plusieurs milliers d'hectares ; il a changé les conditions climatériques et hydrologiques du pays, a supprimé peut-être la moitié des ressources pastorales qui existaient en 1870 ; concurremment avec le déboisement utile qui s'opère pour la colonisation, il a produit dans le Nord du Tell une pénurie qui ira en croissant... — MATHIEU, Conservateur des forêts, Oran.

Il y a douze ans, une ère d'épreuves s'ouvrait pour l'Algérie ; pendant sept années consécutives, une sécheresse persistante est venue ruiner les campagnes, anéantissant les cultures sur certains points, ne laissant sur d'autres plus favorisés que des maigres récoltes. Sous l'influence de ce fléau et de l'action d'un soleil brûlant, les pâturages appauvris ne donnèrent plus une nourriture suffisante aux bestiaux. Aussi, une mortalité considérable eut lieu dans les troupeaux, notamment dans ceux des indigènes ; enfin, partout les eaux diminuèrent ; de tous côtés, des sources, de petits cours d'eau qui, de mémoire d'homme, n'avaient jamais tari, disparurent totalement, vouant à la stérilité des terrains dans lesquels des cultures industrielles ou maraîchères étaient aussi prospères que productives.

Un cri de détresse retentit de toutes parts ; on se demanda qu'elle pouvait être la cause de la rareté des pluies, de cette perturbation apportée dans le climat et dans le régime des eaux ? Dans l'opinion de tous, elle fut attribuée au déboisement.

Cette opinion n'est malheureusement que trop justifiée ; il est certain, en effet, qu'en Algérie les terrains boisés ont perdu, depuis un grand nombre d'années, beaucoup de leur étendue ; il est non moins avéré que ceux qui existent aujourd'hui à l'état soit des forêts véritables, soit de broussailles, par leur appauvrissement, par la réduction de leur couvert n'exercent plus sur le sol comme sur l'atmosphère une influence aussi énergique qu'autrefois. — CALLINET, Conservateur des forêts, Constantine.

Les cours d'eau de l'Algérie ont tous, plus ou moins, une allure torrentielle et leur débit moyen est bien loin d'être, comme en France, compris entre le quart et la moitié du volume des pluies. — BERT. Programme de reboisement.

Cependant on doit reconnaître que la région des pluies, et encore plus celui des cours d'eau, diffèrent sensiblement de ceux de la Mère-Patrie. — CALLINET, Conservateur des forêts.

Les reboisements sont, en effet, le seul moyen de prévenir le retour des sécheresses qui affligent périodiquement la Colonie. Aussi ne peut-on qu'applaudir à la patriotique pensée qui a inspiré l'organisation de la *Ligue du Reboisement*. — MARTIN, Secrétaire général du Gouvernement, Conseil Supérieur 1882.

On ne peut qu'être frappé de la coïncidence qui se produit dans le département d'Oran, le moins riche en forêts, mais aussi le plus souvent atteint par le manque d'eau et de récoltes. — Conseil Supérieur. Exposé du Gouverneur, 1881.

L'Algérie relativement peu boisée, au moins dans certaines de ses parties, aurait besoin de l'être plus qu'aucune contrée de l'Europe, en raison de la sécheresse particulière de son climat, de l'inégale répartition des pluies, du régime irrégulier de ses cours d'eau trop prompts à s'épuiser sous l'action de l'évaporation solaire, en raison enfin des variations extrêmes de température et d'humidité atmosphériques qui caractérisent le climat de ce pays.

Ce n'est pas cependant que la colonie ne renferme des éléments nécessaires à la constitution d'un domaine forestier suffisant pour assurer sa prospérité ; dans la montagne, sur les coteaux, dans les terrains arides, la végétation forestière ou arbustive croît avec une spontanéité, se développe avec une vigueur et se maintient avec une ténacité qui n'ont d'égale que l'énergie des causes de destruction dont elle est menacée depuis des siècles. Il suffira le plus souvent de protéger ces broussailles contre l'incendie et la dent du bétail, pour voir les boisements se reconstituer et exercer leur action bienfaisante dans la climature et l'hydrologie du pays. Les peuplements les plus dégradés ne réclament qu'une simple et peu coûteuse opération de recépage, pour raviver les souches épuisées et faire surgir le brin d'avenir.

Quoi qu'il en soit, la question du reboisement de l'Algérie préoccupe à juste titre l'opinion publique. — *Exposé du Gouverneur*, 1883.

Je me fais l'écho des plaintes de l'Algérie menacée de devenir inféconde par la sécheresse, conséquence fatale de la disparition de nos forêts. — *Exposé du Gouverneur, 1884.*

Le voisinage du désert et sa constitution géologique exposent notre colonie à des sécheresses continuelles contre lesquelles la nature ne l'a pas suffisamment protégée. Le cours de ses fleuves et de ses rivières est, en effet, peu étendu, et la pente en est généralement très accentuée. Il en résulte que là où les eaux pluviales ne sont pas arrêtées, soit par des travaux d'art, soit par la végétation arborescente, le terre n'en absorbe qu'une quantité tout à fait insuffisante, et que le surplus, c'est-à-dire la presque totalité, va se perdre à la mer en y entraînant en même temps des terres végétales, au grand détriment de l'agriculture. — *Exposé,* 1886.

Cette solitude (de la Régence de Tunis) provient de ce que les pluies torrentielles ont dénudé le sol et mis le tuf à découvert partout. — PELLISSIER DE REYNAUD.

La pauvreté actuelle de la Byzacène est due à la stérilisation des terres fertiles par suite de leur abandon ; au déboisement et à la modification du régime des eaux, qui est la conséquence inévitable de celle du régime forestier. — TISSOT.

Avant que la conquête arabe eût déboisé et dépeuplé toute cette région, les voyageurs, au dire des historiens arabes, pouvaient aller de Tébessa à Gafsa, toujours à l'ombre des forêts et des jardins. Alors, les pluies qui arrosaient le pays, au lieu de se réunir en torrents qui s'épuisent aussi vite qu'il sont produits, formaient des rivières au cours plus régulier, retenues qu'elles étaient par le filtre naturel des forêts. Le déboisement a produit son œuvre de destruction ici comme dans le reste de la Régence. L'humus qui n'est plus arrêté par les racines des plantes et des arbres, est rapidement lavé par les pluies et entraîné dans les vallées. — CAGNAT ET SALADIN.

Nous avons encore cette chance suprême, et cette chance s'appelle d'un nom qui devrait être plus populaire en France, l'Algérie. Cette terre est féconde; elle convient excellemment par la nature du sol à une nation d'agriculteurs, et **l'amélioration du régime des eaux, qui est en ce pays la queston la plus importante,** n'est nullement au-dessus de notre science et de nos richesses. — PRÉVOST-PARADOL.

INTRODUCTION

Bertillon ayant eu l'occasion de faire connaître son sentiment sur l'avenir réservé à l'occupation française dans le nord de l'Afrique, s'exprimait ainsi, il y a quelques années :

« Il s'agit de savoir si ce puissant soleil d'Afrique, qui sème presqu'en pure perte tant de forces vives sur les landes algériennes, pourra enfin bénéficier aux hommes d'Europe, à ceux de la France, autrement experts dans l'art de détourner à leur profit les forces vives de la nature. Les grands et forts Romains d'autrefois l'ont tenté, et ils ont été vaincus ! Eux, qui partout où ils ont mis le pied en Europe y ont implanté à jamais leur langue, leur loi, leur administration, n'ont rien laissé sur la terre africaine que les restes inanimés de leurs constructions ; vains fossiles d'une prospérité qui a péri, dès qu'elle a cessé d'être ravitaillée par la mère-patrie. Car ce ne sont pas les faibles indigènes, non plus que les torrents éphémères des conquérants qui l'ont détruite ; l'on n'anéantit pas ainsi le sang romain ; mais c'est le soleil africain qui l'a desséché ! Et c'est ainsi qu'ont péri tous les peuples conquérants indo-européens, et ils sont nombreux, qui depuis les temps historiques ont été attirés par les richesses africaines !

» Ne semble-t-il pas que ce soit témérité que de recommencer une expérience si souvent tentée en vain.....? »

Les graves appréhensions du savant démographe sont-elles fondées ?

Il est évident que s'ils laissent subsister les causes qui, jusqu'à ce jour, ont fait avorter les tentatives des peuples civilisés, les Français échoueront là où ont échoué leurs devanciers. Mais s'ils veulent rechercher ces causes et les combattre, il est non moins évident qu'en apportant dans la lutte « l'art de détourner à leur profit les forces vives de la nature », ils sortiront victorieux de cette lutte.

C'est ce qu'avait dit, dès 1845, un observateur profond, le docteur Bodichon.

» Cependant, bien qu'il nous soit démontré que l'Afrique, avec sa composition actuelle, s'oppose énergiquement au perfectionnement de la race humaine, est-ce à dire que toujours et inévitablement il en sera ainsi ?

Les indigènes et les débris des peuples qui s'y indigéniseront sont-ils toujours et inévitablement destinés à croupir sous cette influence délétère ?

Oui, s'ils laissent le sol tel qu'il est, tel qu'il a été.

Non, s'ils lui résistent et le modifient par des travaux bien conçus et opiniâtrement exécutés...

Ainsi ne laissons pas le sol tel qu'il est. N'organisons pas l'Afrique ; mais transformons-la en terre nouvelle. »

Dans le programme qu'il trace pour la transformation matérielle du pays, le docteur Bodichon place en première ligne les plantations sur les montagnes ; voici un autre auteur qui est encore plus explicite. Cet auteur, dont le nom est très populaire en Algérie, est Trottier Pour celui-ci, l'indication est formelle ; le reboisement de la colonie est la condition première, indispensable du succès de la colonisation ; l'Algérie sera reboisée, ou elle dévorera encore une fois ses derniers conquérants. « Notre légèreté est réellement incroyable ; nous faisons des routes, des chemins de fer, des ports ; et l'on ne s'aperçoit pas que l'édifice manque par la base ; car, si le peu de forêts qui nous reste disparaît, l'Algérie deviendra inhabitable pour les Européens ; et par la force des choses, elle retombera dans la barbarie » (1).

Oui, c'est continuer à bâtir sur le sable que d'édifier notre domination dans les conditions actuelles ! Oui, c'est folie que de songer à la possibilité d'une agriculture, si l'on persiste à braver les lois primordiales de la nature ! Oui, l'Algérie, après avoir été pendant un siècle — un siècle et demi peut-être — entre les mains d'une grande nation, redeviendra un pays où seuls pourront vivre quelques barbares, qui tiendront en échec le monde civilisé.

Dans le cas où la citation que nous venons d'emprunter à Trottier ne paraîtrait pas suffisamment claire et précise, nous pensons que l'on ne pourra adresser le même reproche à la suivante :

« Si nous n'y prenons garde, dans peu d'années, nos terres complètement dénudées iront à la mer, et le Tell algérien deviendra comme le prolongement du Sahara.

(1) Pour la citation complète de cet auteur, voir page 2129 du préambule.

Le déboisement sans discernement qui se pratique dans les lieux inaccessibles, et sur des sols impropres à la culture, paraît aux yeux de tous une des causes les plus puissantes de cette perturbation.....

Le régime des eaux est de plus en plus compromis par le déboisement des crêtes, dans presque toutes les régions ; le débit des sources subit chaque année une diminution croissante. »

Qui parle ainsi de l'envahissement certain du Tell par les sables du Sahara? C'est l'un des plus anciens conseillers généraux du département d'Alger ; c'est le député actuel de la deuxième circonscription de ce département ; c'est M. Bourlier.

Enfin, pour invoquer une dernière autorité, nous aurons recours à celle d'un ancien gouverneur, M. Tirman, qui en 1884, se faisait « l'écho des plaintes de l'Algérie, menacée de devenir inféconde par la sécheresse, conséquence fatale de la disparition de nos forêts ».

Si aux citations que nous venons de reproduire, on ajoute toutes celles qui sont contenues dans le préambule de ce travail, on voudra bien reconnaître qu'il est peu de thèses a l'appui desquelles on puisse invoquer autant de témoignages, autant d'affirmations émanant d'hommes dont la grande expérience et la compétence sont au-dessus de toute contestation.

A ceux qui douteraient encore, à ceux qui ne seraient pas édifiés complètement, nous recommandons la lecture de l'Enquête forestière de 1885. Nous leur recommandons aussi de comparer deux cartes, l'une représentant les régions encore boisées, l'autre représentant les zones de distribution des pluies. La lecture du premier document leur apprendra la corrélation intime qui existe entre le coefficient de boisement d'un bassin et le débit des sources et des rivières de ce bassin. La comparaison des deux cartes leur montrera que les zones de production des pluies concordent avec celles des forêts ; en superposant les deux cartes l'une sur l'autre, on voit que les zones de l'une s'appliquent exactement sur les zones de l'autre. Il est impossible d'avoir sous les yeux une démonstration plus frappante de l'action de forêts. (1)

(1) « Oran reçoit par année la moitié des pluies qui tombent à la Calle ; et Alger enregistre une chute intermédiaire. » Mathieu. — Cette répartition des pluies par département est la reproduction de celle des forêts.

C'est aussi en Algérie que l'on peut se rendre compte, à chaque pas pour ainsi dire, de la dégradation des terrains à la suite des déforestations. Depuis la formation du ruisselet jusqu'à celle du torrent et jusqu'à la mise à sec du squelette rocheux de la montagne, on assiste un peu partout aux différentes phases des effets du déboisement. Aux portes d'Alger même, en existe un exemple. Une petite rivière alimentait trois moulins il y a trente ans ; depuis que les chèvres ont détruit la végétation arborescente de la Bouzaréa, elle n'a plus d'eau qu'au moment même de la pluie.

Enfin, il n'y a pas ici que cet enseignement fourni par les faits d'actualité ; il y a aussi l'enseignement du passé qui est non moins probant que le premier. Sans remonter bien haut, ne voit-on pas l'agriculture atteindre son apogée avec Magou et se personnifier en lui, pour ainsi dire? On a pu dire que chez les Carthaginois la passion de l'agriculture l'emporta un moment sur celle du commerce. Sous la période romaine, jusque dans l'extrême Sud, le pays était parsemé de grandes villes et de nombreuses exploitations agricoles. Qu'est devenue cette magnifique agriculture carthaginoise? Qu'est devenu le grenier de Rome?

Même après les guerres, après les invasions, les bras n'ont jamais manqué ; la terre était toujours là. Quelle est donc la cause qui a rendu le sol infécond? Les Romains ont été aussi imprévoyants que nous. Ils ont défriché sans discernement et ont laissé les indigènes, refoulés sur les montagnes, user et abuser des forêts. Ils ont cru se sauver à l'aide de barrages et de citernes; ils ont dû, pour leurs villes, aller chercher chaque année l'eau de plus en plus loin; mais ils ont été vaincus dans cette lutte contre un climat déséquilibré !

On peut dire qu'aujourd'hui, dans un certain milieu tout au moins, il n'est personne qui méconnaisse la véritable cause de la profonde perturbation apportée dans les climatures du Vieux monde aussi bien que dans celles du Nouveau. A part quelques personnes de parti-pris, à part d'autres qui jouent du paradoxe soit par manière de distraction, soit pour attirer les regards et faire jacasser les portières, il y a unanimité, pour ainsi dire, à reconnaître que l'homme, en détruisant aveuglément les forêts, a fait disparaître ainsi le facteur le plus important de la régularisation du régime des pluies et de l'aménagement des eaux de sources. Sécheresses et inondations, tel est le résultat de cette rage de déforestation qui sévit aujourd'hui chez tous les peuples civilisés. En France, les inondations ont causé, en moins de vingt-cinq ans, pour près d'un milliard de dégâts. Il y a à peine quelques jours, les Chambres votaient, dans la même séance, 2 millions pour les victimes de la sécheresse et 3 millions pour les victimes des inondations. Mais, comme nous venons de le dire, on ne se méprend pas, dans la métropole, sur l'origine de ces désastres ; les discussions qui ont eu lieu aux Chambres, soit à propos du Code forestier, soit à propos de la loi de 1882 « sur la restauration des terrains en montagne », ont largement vulgarisé cette origine dans tout le pays intelligent. Si l'on n'intervient que mollement, si l'on ne vote pour l'application de la loi de 1882 que des crédits insuffisants, si l'on ne dépense même pas ces crédits (afin de les reporter ailleurs), c'est qu'on a encore un peu de temps devant soi, et qu'avant la catastrophe finale il passera encore beaucoup d'eau sous les ponts, et il se débitera encore beaucoup d'éloquence aux Chambres. Comme la formule gouvernementale est de vivre au jour le jour, il n'y a donc rien qui presse ; on ne risque rien d'attendre encore une saignée de trois ou quatre milliards avant de prendre une détermination (1).

Mais la situation n'est pas la même ici ; l'époque à laquelle l'Algérie dépouillée de ses dernières forêts, complètement dénudée, deviendra, comme on l'a dit, le prolongement du Sahara, cette époque est proche ; ce n'est pas par siècles qu'on doit la calculer, mais bien par années ; on peut dire que nous en sommes déjà aux prodromes de la catastrophe. En effet, la moyenne des pluies s'abaisse sensiblement de période en période (2) ; cette année, la quantité d'eau tombée a à peine dépassé 500 millimètres. La saison pluvieuse commence un mois plus tard qu'il y a trente ans et ne dure guère plus

(1) Entre temps, on laisse volontiers le public se passionner pour des projets de fabrication de pluie artificielle ; pendant que son attention est retenue par ces billevesées, il ne pense pas à exiger que l'on n'emploie plus en gratifications ou autres affectations du même genre les crédits votés pour le boisement des montagnes. Attendons-nous à voir le gouvernement encourager, par un silence bienveillant, le public à souscrire au prochain syndicat, qui se proposera de distiller l'eau de mer et d'arroser, à jour et heure fixes, à l'aide d'un certain nombre de tours Eiffel, tous les points du territoire.

(2) En divisant en trois périodes les 38 années qui vont de 1836 à 1876, Trottier a obtenu :

1re période de 12 ans	....	800 millimètres
2e — —	....	770 —
3e — de 14 ans	....	639 —

de trois mois (1). Les périodes de sécheresse se rapprochent de plus en plus et se prolongent chaque fois davantage. Même dans les régions autrefois favorisées, comme celle de Médéa par exemple, les sources diminuent ou disparaissent dans des proportions considérables. La population rurale européenne reste stationnaire là où elle ne diminue pas. Presque partout, elle semble avoir perdu le bénéfice de l'acclimatement; la malaria tend à reconquérir son empire d'autrefois. Les insectes pullulent à l'infini; les sauterelles paraissent avoir trouvé dans le Tell une nouvelle patrie. Le temps est proche, on le voit, où se réaliseront les prophéties de Bertillon, de Bodichon et de Trottier; les symptômes avant-coureurs du dénouement fatal sont malheureusement par trop manifestes.

Peut-il en être autrement ? L'enquête faite en 1885 par l'Administration a montré que le taux du boisement de l'Algérie atteint à peine 10 0/0, alors que celui de la Provence est de 24 0/0. D'où différence de 14 0/0 en notre défaveur.

Mais cette infériorité ne s'arrête pas là ; on a reconnu, en effet, que ce taux de 24 0/0 était insuffisant dans le midi de la France et qu'il fallait au moins l'élever à 30 0/0; aussi active-t-on dans ce pays les travaux de reboisement, dans le but d'atteindre ce chiffre. Si pour cette région, l'on admet comme nécessaire ce coefficient de boisement, il n'y a aucune raison de le refuser à l'Algérie; l'écart entre ce qui existe ici et ce qui devrait exister n'est donc plus de 14, mais bien de 20 ; la différence s'accentue, comme on voit. Mais ce n'est pas tout ; cette comparaison entre la Provence et l'Algérie n'est qu'une démonstration par l'absurde. Peut-on, en effet, mettre sur le même pied deux régions aussi dissemblables. Sa latitude, le voisinage immédiat du Sahara, le peu de profondeur des bassins, l'absence de montagnes à hautes altitudes font de l'Algérie un pays bien différent de la Provence. La conclusion est, par suite, qu'il lui faut un coefficient de boisement bien plus élevé, attendu que de tous les facteurs qui concourent ailleurs à produire et à emmagasiner les pluies, la forêt est le seul qui soit représenté ici ; et comme c'est le seul aussi sur lequel l'homme puisse avoir une action, il faut l'élever en

(1) Aujourd'hui, 20 octobre, la saison des pluies n'est pas encore commencée. Du mois de février au mois d'octobre, il est tombé 43 millimètres de pluie, savoir : février, 6 mil. ; mars, 1 m. 7 ; avril, 12 m. 5 ; mai, 11 m. 1 ; juin, 4 m. 9 ; juillet, 0 m. 1 ; août, 0 m. 0 ; septembre, 6 m. 9 ; octobre, 0 m. 0.

raison d'abord de la latitude du pays, ensuite pour compenser les autres facteurs qui font défaut. En l'évaluant de 33 à 35 0/0 nous croyons fixer un taux minimum. Or, le taux actuel étant de 10 0/0, la situation s'établit par un déficit de 25 0/0.

Si maintenant on ajoute que sur les 2,878,695 hectares du domaine forestier algérien, il y en a tout au plus un quart qui soit constitué par de véritables forêts, les autres trois quarts ne comportant plus que des broussailles, vestiges de forêts détruites par l'incendie ou par le pacage, on verra à quoi se réduit le coefficient réel de boisement du pays, à 4 0/0 au maximum ! Est-il un esprit sensé qui puisse concevoir un seul instant la possibilité de faire quoique ce soit de sérieux, de durable, dans une contrée ainsi livrée sans défense à l'ardeur de ce puissant soleil d'Afrique dont parle Bertillon ? Avec cet auteur, n'entrevoit-on pas que le sang français sera bientôt desséché comme l'a été le sang romain ?

C'est donc surtout au point de vue de l'avenir de l'occupation française en Algérie, que la question forestière s'impose, avec son caractère d'extrême urgence, aux préoccupations des hommes politiques ; mais ceux-ci peuvent aussi s'en préoccuper à un autre point de vue, bien secondaire assurément si on le compare au premier, mais n'ayant pas moins son importance cependant. Il est même probable que c'est ce côté de la question qui fixera, tout d'abord, l'attention du législateur ; nous voulons parler du côté financier. Nous en dirons quelques mots seulement, juste assez pour appeler l'attention de nos gouvernants et les déterminer à ne pas négliger plus longtemps les millions qui dorment là-bas sans aucun profit pour personne.

La France, pour ses bois, paie annuellement plus de deux cents millions à l'étranger. Si on l'avait voulu, c'est en Algérie qu'elle jetterait aujourd'hui une grande partie de ces deux cents millions. Actuellement, de simples travaux d'aménagement suffiraient à tirer des bois autres que le chêne-liége un revenu d'une vingtaine de millions. Et si l'on se décidait à consacrer quelque argent à empêcher la destruction des broussailles, des milliers d'hectares de forêts surgiraient spontanément de terre ; ce serait alors, avec les produits des chênes-liège, un revenu annuel d'au moins cinquante millions (1).

Nous ne parlons pas de certaines productions qui donneraient des revenus inespérés, comme le sumac (2), le camphrier, le pistachier, etc. ; celles-là seraient en plein développement aujourd'hui, si les Maîtres que nous envoie la métropole s'étaient jamais donné la peine de faire un peu de propagande sérieuse en France. Ils ont préféré consacrer leur intelligence et l'argent des contribuables à la construction de barrages, qui empoisonnent par leurs effluves les habitants du voisinage lorsqu'ils conservent leur eau, et qui tuent ceux-ci ou les ruinent quand ils éclatent, ce qui finit toujours par arriver.

Si encore l'on se bornait à gaspiller ainsi la santé et l'argent des colons ! Mais non ! C'est à qui, dans les sphères du Dey d'Alger, s'ingéniera à empêcher le gouvernement français de voir clair dans des questions de revenus possibles des forêts. Non seulement on se garde bien de toute proposition sérieuse devant les Chambres, de toute proposition qui tendrait à obtenir des recettes en rapport avec les dépenses ; mais on va jusqu'à éloigner les particuliers qui viennent en Algérie pour se livrer à l'industrie forestière (3) ; on va jusqu'à déprécier la valeur des bois ; tout dernièrement, un document officiel affirmait que les bois de l'Algérie n'étaient même pas bons à faire du feu (4). Quant aux gens qui, comme nous, essaient de montrer au gouvernement français le préjudice considérable ainsi causé au Trésor public, ceux-là sont cons-

---

(1) C'est le chiffre que nous avons établi dans notre brochure : *La Question forestière et la Colonisation.*

(2) L'Italie produit pour 12 millions d'écorce de sumac tous les ans.

(3) Il y a cinq ans, deux personnes envoyées par une riche société financière de Lyon pour rechercher des terrains propres à la culture de l'eucalyptus, s'adressaient aux bureaux du Gouverneur général, lesquels s'empressaient de remettre ces importuns entre les mains d'un personnage quasi-officiel, bien connu par son aversion pour les arbres. Le personnage en question les ayant engagés à reprendre au plus tôt le bateau avec leur argent, les voyageurs se sont conformés à ce très sage conseil et ont porté leurs huit cent mille francs en..... Sardaigne.

(4) Pendant que les fonctionnaires du gouvernement français déprécient la valeur des bois de l'Algérie, les Allemands, dans leurs écrits, en vantent les qualités et entrent dans les plus grands détails à ce sujet. Ce qui est caractéristique et donne bien la note de l'esprit dès Bureaux, c'est que ceux-ci ont eu et ont encore sous les yeux un article signé F.-V. Thünen, et qui a été traduit, à leur intention, du *Centrablatt für das gesannute forstwesen.*

pués, ridiculisés par la presse bien pensante. Nous n'en persistons pas moins à dire et à répéter qu'en dépensant, en vingt ans, vingt millions de plus que ce que l'on dépensera en restant dans les crédits que l'on vote habituellement chaque année, on arrivera à obtenir le revenu d'un milliard, soit quarante millions ; tandis qu'en continuant à procéder par petits paquets et à opérer sans méthode, sans plan conçu et arrêté d'avance, on ne fera que de la mauvaise besogne, on piétinera sur place, l'ouvrage d'une année se détruisant l'année suivante. Bref, au point de vue financier, on ne récoltera jamais que des revenus insignifiants. (1)

En résumé, si l'on ne veut voir se poser à bref délai la question de l'abandon de l'Algérie, il faut mettre ce pays dans des conditions normales d'existence, c'est-à-dire lui donner le coefficient de boisement dont il a besoin pour échapper à l'action « desséchante » du soleil. Et pour cela, il faut agir, et avec tous les moyens que comporte la gravité de la situation. Une campagne menée dans ces conditions et, cela va sans dire, d'après un programme méthodiquement établi, sauvera l'Algérie et se traduira au bout de vingt ans, par un revenu minimum de quarante millions de francs.

C'est à signaler le péril imminent qui menace la conquête de la France, c'est à indiquer la cause de ce péril, c'est à préparer le programme, les mesures propres à combattre efficacement cette cause, c'est à préconiser un meilleur rendement des forêts, que depuis quatorze ans nous avons, dans ce but, entassé documents sur documents, enquêtes sur enquêtes, statistiques sur statistiques ; frappant à toutes les portes, nous n'avons ménagé ni nos démarches, ni nos pétitions, ni nos supplications ; nous avons dû subir les injures des satisfaits et les avanies des imbéciles ; nous nous sommes heurté à l'indifférence de la masse, au parti-pris et à la force d'inertie de la haute administration Et tout cela, pour en arriver à quoi ? Pour arriver à entendre le Sénat émettre l'avis qu'il

(1) On s'est effrayé — ou plutôt on a fait semblant de s'effrayer — d'un projet de dépenses évaluées par nous à 200 millions. On s'est bien gardé de remarquer que, tout compte fait, c'est-à-dire en tenant compte de l'augmentation des recettes qui aurait été la conséquence de l'augmentation des dépenses, l'excédent des dépenses sur celles qui seront faites dans vingt ans, en suivant les errements du passé, ne sera en réalité que de 20 millions.

fallait livrer aux troupeaux des indigènes les derniers vestiges de nos forêts !

Il y avait là vraiment de quoi décourager les plus énergiques, démonter les plus solides, détruire la foi chez les plus croyants, faire perdre à jamais toute espérance chez les plus obstinés. Le coup a été rude, en effet ; mais le premier moment de stupeur passé, nous nous sommes cependant décidé à reprendre notre poste de combat, car il se livrera encore d'autres batailles et il ne faut pas que nos adversaires puissent se prévaloir d'un succès momentané, obtenu sans débats contradictoires ; il importe qu'il sachent bien que si nous avons été battu dans ce premier engagement d'avant-garde, nous n'avons nullement l'intention de désarmer.

Au surplus, la situation n'est plus la même ; jusqu'à ce jour, nous combattions dans le vide, pour ainsi dire ; nos adversaires se dérobaient constamment, se contentant de nous décocher des mots sonores, des phrases creuses, des banalités ou des fins de non recevoir. Maintenant, nous nous trouvons en présence de quelque chose qui donne au moins prise à la discussion. Quelque profonde qu'eut été notre déception, nous aurions eu tort, en définitive, de négliger l'occasion qui se présentait de tenter un nouvel effort.

Certes, nous apprécions la difficulté de la tâche. Nous nous rendons parfaitement compte de l'influence considérable exercée sur ses collègues par l'homme qui, après avoir dirigé les travaux de la Commission des Dix-Huit, a été ensuite appelé à la présidence du Sénat. Cette influence s'explique d'abord par l'autorité dont M. J. Ferry jouissait au point de vue politique, ensuite par la grande compétence qu'il avait acquise de toutes les questions locales algériennes en général et de celles des forêts en particulier, pendant les quelques jours de son voyage en Algérie. Mais il n'y a guère dans le monde qu'un homme qui puisse se targuer d'infaillibilité ; et cet homme est à Rome. D'un autre côté, la Chambre Haute a suffisamment montré toute l'horreur qu'elle éprouvait pour les fétiches quels qu'ils soient ; et ce n'est pas dans ce milieu intelligent et indépendant que le « *magister dixit* » aura jamais cours. L'ombre de M. J. Ferry elle-même ne se scandalisera pas, nous en avons la certitude, parce que le Sénat estimera qu'en matière religieuse seulement, on peut procéder par voie de dogmes, de sentences ou de bulles-décrets.

C'est témérité de notre part, nous le sentons, que de nous

présenter avec notre pâle plaidoyer devant des hommes qui sont encore sous le charme des pages magistrales de M. J. Ferry, pages qui auraient suffi à son auteur pour lui ouvrir les portes de l'Académie. Mais nous avons tellement confiance dans la bonté de la cause, que nous nous sommes enhardi à nous poser en adversaire de cet éminent homme d'État, et que, malgré l'infériorité marquée du défenseur, nous ne doutons pas du succès final. Du reste, à défaut de talent, nous apporterons dans la lutte une telle ténacité, qu'il faudra bien que la victoire nous reste. Oui, qu'on le sache bien ! Tant qu'il nous restera un souffle de vie, tant que le Parlement français ne supprimera pas aux Français d'Algérie l'usage de la plume, nous ne cesserons de nous élever contre les criminels projets actuels.

Que nos dirigeants s'évertuent à inventer toutes sortes de combinaisons gigantesques pour grandir un fonctionnaire ; qu'ils arment le Gouverneur de pouvoirs forts, archi-forts ; qu'ils le blindent et qu'ils le cuirassent ; qu'ils lui remettent la foudre de Jupin et une provision d'états de siège signés d'avance ; qu'ils lui donnent la délégation de tous les ministres présents et futurs ; qu'ils lui confient même la direction de la Direction des ballons, nous protesterons sans doute ; mais, après tout, nous passerons condamnation, car l'Algérie, qui n'en est plus à compter avec les fléaux législatifs, administratifs et autres, continuera à prouver sa vitalité en allant quand même de l'avant. Elle n'en pourra faire autant le jour où on l'aura transformée en désert ; c'est pourquoi nous battons le rappel avec rage, nous sonnerons le tocsin à casser toutes les cloches de l'Algérie, chaque fois que l'on menacera nos forêts.

D'où viennent les menaces actuelles? Quelles sont-elles ?

Il y a quelques années, c'était pour faire le bonheur des colons que l'Administration supérieure avait demandé le démembrement du domaine forestier ; il ne s'agissait rien moins que de désaffecter 500,000 hectares de ce domaine. Le projet avait croulé après une campagne que la postérité inscrira certainement dans les fastes comiques du Gouvernement général de l'Algérie.

Aujourd'hui, changement à vue ! Il ne s'agit plus des colons. Cé sont les indigènes qui tiennent la corde.... sensible de l'Administration et du Sénat. Ces messieurs ayant manifesté le désir de conserver leurs mains vierges d'ampoules, on s'est empressé d'appuyer cette très légitime revendication et de proposer de mettre à leur disposition les forêts de l'Etat, afin qu'ils puissent tout à leur aise donner cours à leurs habitudes pastorales.

Il y a deux ans, il était entendu, convenu que si les indigènes étaient opprimés, pressurés, volés, spoliés, c'était au colon qu'il fallait s'en prendre : lui seul était le coupable.

Aujourd'hui, on a changé tout cela.

L'auteur de tous les maux dont souffre l'indigène, le tyran qui l'exaspère jusqu'à le pousser à la révolte, c'est l'administration forestière.

Pour quiconque n'est pas au courant des choses, cet aperçu sommaire de la façon dont la question forestière a été, dans un si court espace de temps, traitée en hauts lieux, apparaît comme une plaisanterie. Hélas ! rien n'est plus vrai ! rien n'est plus exact !

Tout est étrange, en vérité, dans l'histoire des forêts de l'Algérie !

Nous venons de dire un mot d'une campagne qui avait pour but le déclassement du quart du domaine forestier. Eh bien ! le gouverneur qui s'était mis à la tête de cette campagne était le même gouverneur qui, trois ans auparavant, avait juré solennellement de ne pas laisser toucher à une seule broussaille du domaine. Dans son ardeur à brûler ce qu'il avait adoré, il alla jusqu'à falsifier le texte d'un rapport officiel.

On a vu plus haut que récemment un autre gouverneur avait imaginé de déprécier la valeur des bois de nos forêts, afin d'engager les industriels à se présenter aux adjudications et à rechercher des occasions d'entreprises.

Voici maintenant M. J. Ferry qui ne craint pas de tronquer deux rapports officiels ; qui va jusqu'à s'infliger à lui-même un démenti formel, invoquant le spectre d'une insurrection, alors que quelques jours auparavant il a qualifié de puérile la crainte d'une révolte ; et qui enfin, oubliant toute retenue, déverse l'injure sur une administration, à laquelle il ne peut reprocher qu'une chose : c'est d'avoir fait son devoir.

Que penser enfin de ce ministre qui reste impassible devant ces attaques aussi injustes qu'acharnées contre une de ses administrations ? Non seulement il n'a pas demandé au service placé sous ses ordres la moindre explication, le moindre renseignement au sujet du rapport de M. Ferry ; mais encore, il n'a pas su trouver un mot pour tenter de pallier tout au moins le déplorable effet des propos blessants contenus dans le rapport.

N'avons-nous pas raison de dire que tout est étrange dans cette question des forêts de l'Algérie ? Et encore, pour le moment, nous ne citons que quelques faits. Nous allons discuter le rapport de M. Ferry et celui de M. Guichard ; il va malheureusement, nous être donné d'en relever bien d'autres.

Mais avant de passer à cette discussion, il nous paraît utile de jeter un peu de lumière sur les origines de cette campagne contre les forêts de l'Algérie.

Ce sont d'abord et surtout les menées d'une bande d'affamés, qui voudraient bien voir revenir l'époque où l'on jetait en pâture à des favoris 178,000 hectares de forêts de chênes-liège. Venus trop tard pour prendre part à la curée et n'osant pas en réclamer ouvertement une deuxième édition, ils ont imaginé d'annihiler, et de faire disparaître au besoin, l'administration forestière qui contrecarre leurs projets. Après quoi, ils se substitueront à celle-ci pour sauver l'Algérie et la... caisse. Les pouvoirs publics hésiteront d'autant moins à consentir à un pareil abandon, qu'on leur fera valoir les importantes économies qui en résulteront et les bénédictions publiques qu'ils s'attireront en récompensant dignement quelques citoyens remarquables et remarqués (1).

Dans le rapport du Président de la Commission sénatoriale, il est question des « convoitises ardentes des colons ». Malgré l'infinitésimal coefficient d'autorité dont nous sommes affligé et que nous osons mettre en regard de l'incommensurable prestige de l'éminent rapporteur, nous nous permettrons de dire très respectueusement qu'en dépit de nos moyens d'investigation les plus minutieux, qu'en ayant même recours aux microscopes les plus puissants, nous n'avons pu arriver à découvrir la plus petite trace des dites convoitises. Ce résultat contradictoire n'a rien de surprenant, quand on songe qu'il s'agit, en somme, d'observer des faits qui ont de si infimes proportions. Mais ce qui est extraordinaire, c'est qu'un observateur aussi sagace que M. J. Ferry n'ait pas eu cent fois, dans chacune des quelques journées qu'il a passées ici, l'occasion de se heurter contre les convoitises, non pas ardentes celles-là, mais chauffées à blanc, non pas microscopiques

(1) Préparée par les soins des candidats, acceptée en principe par l'administration, la formule des futures concessions serait : « Récompense nationale pour services éclatants rendus à la patrie ». Que l'on ne croie pas, au moins, à une invention de notre part !

celles-là mais démesurément grandes, contre les convoitises, disons-nous, de ces industriels qui ont ingénieusement remplacé l'art d'élever des lapins et de s'en faire six mille livres de rente par l'art d'obtenir des concessions de forêts, et de s'en faire vingt mille francs de rente aux dépens de l'Etat et grâce à la responsabilité collective (1).

C'est du côté de ces braves gens, qui peuvent, il est vrai, se targuer de ne vouloir, en somme, que le bien public, qu'il faut chercher l'origine du complot ourdi contre l'administration des forêts. Ils auraient peut-être échoué piteusement dans leur généreuse entreprise, et malgré leurs très puissants protecteurs et associés, sans la campagne sénatoriale qui, fort heureusement pour eux, s'ouvrit au moment où toutes leurs espérances s'envolaient. On peut même se demander, étant donnée cette heureuse coïncidence, s'ils ne furent pas les inspirateurs de cette levée de boucliers. Quoi qu'il en soit, ils ont très habilement profité de l'engouement sénatorial en faveur des indigènes pour tenter d'arriver à leurs fins, c'est-à-dire pour mettre l'administration forestière dans l'impossibilité de se placer en travers de leurs honnêtes combinaisons. Il suffirait de la placer sous la coupe directe des gouverneurs ; il n'y aurait plus alors qu'à faire le siège de ces derniers, ce qui, de tous temps, a toujours été chose facile.

A côté de ces candidats à la recherche de concessions de forêts, il y a des hommes politiques qui sont obsédés de l'idée d'armer de « pouvoirs forts » les gouverneurs de l'avenir. Comme tous les gens atteints de l'infirmité de l'obsession, ils ne reculent devant aucun moyen pour arriver à leurs fins.

Qu'ont fait ces hommes ? Obligés de constater les déplorables résultats obtenus par la politique suivie vis-à-vis des indigènes, ils avaient été fort embarrassés, car ils ne pouvaient s'en prendre à l'auteur responsable de cette situation,

---

(1) Ces honorables industriels ne cessent pas de harceler l'administration forestière. Tantôt, ils s'indignent de l'incapacité de ce service qui n'est pas encore arrivé à exporter des bois et font retomber sur lui la responsabilité de la nécessité où l'on se trouve d'importer dans le pays les bois étrangers. Tantôt, ils signalent le peu de productions obtenu par l'Etat dans ses exploitations de chêne-liège, la pauvreté des produits, la difficulté de les écouler. D'autres fois, ils affirment que l'Etat n'a pas trouvé d'adjudicataires pour les concessions de quatorze ans. Enfin, de temps à autre, un de leurs représentants, en plein Conseil supérieur, traite de crétins les agents du personnel forestier.

au Gouvernement général, qui a été créé et mis au monde surtout pour s'occuper du peuple conquis C'eût été, en effet, discréditer à jamais cette institution que de la montrer comme ayant fait preuve d'une insuffisance absolue, alors que l'on voulait la rehausser, l'entourer de l'apparat royal en raison de son passé glorieux et des immenses services rendus au pays. Il fallait cependant trouver un coupable. C'est alors que, sans aucun frais d'imagination d'ailleurs, on s'est retourné contre

Ce pelé, ce galeux d'où venait tout le mal

contre le personnel forestier qui a été traité de la belle façon.

C'était beaucoup déjà que de pouvoir offrir une victime expiatoire aux dieux en courroux ; mais la tactique allait avoir d'autres conséquences heureuses. D'abord, pour grandir le Gouvernement général, il était indispensable d'augmenter ses attributions ; décemment, on ne pouvait guère élever un gouverneur sur le pavois en se contentant de l'orner des seules armes qu'il possède actuellement. De toute nécessité, il fallait augmenter son bagage. On pouvait espérer enlever les Postes et Télégraphes ; mais, on ne se faisait pas d'illusions sur les Travaux publics, car les chers camarades de l'Ecole polytechnique n'étaient pas d'humeur à se laisser conduire par un étranger. Or, les Postes et les Télégraphes seuls, c'était bien maigre, et ça n'apporterait pas beaucoup de prestige à la fonction suprême. Donc, à tout prix, il importait d'y joindre un autre service important et dont la nature rehausserait l'éclat du trône des Deys d'Alger. De là, la guerre à outrance déclarée au Service forestier.

Il y avait ensuite d'autres conséquences, non négligeables, de cet *attachement* du Service forestier au Gouvernement général. Etre nommé gouverneur, c'est très bien ; mais rester gouverneur plus ou moins longtemps, c'est encore mieux. Or, comment supposer qu'un gouverneur — ce fonctionnaire réaliserait-il l'idéal? — pourra rester en place s'il n'a pas à sa disposition de quoi donner satisfaction aux appétits des hommes qui mènent l'opinion publique? Que de bien, que d'heureux on peut faire avec le Service forestier dans la main. On accorde à certains concessionnaires autant de délais de paiement qu'ils en désirent ; on ferme les yeux sur l'observation du cahier des charges ; on joue de la responsabilité collective pour relever un malheureux qui n'a plus de crédit chez son boulanger ; on transforme une concession temporaire en une concession à perpétuité, sous prétexte que les sauterelles ont dévoré le méridien qui passait par la propriété ; on accorde, à titre de récompense nationale, une forêt de chênes-liège à un citoyen qui se distingue par d'éclatants services rendus à la chose publique, etc., etc. Les petits cadeaux et les petites faveurs entretiennent l'amitié des grands personnages, sans l'appui desquels un gouverneur aurait à reprendre le paquebot vingt-quatre heures après son arrivée.

En outre des candidats concessionnaires et des obsédés dont nous venons de parler, il y a les hommes politiques qui, naïvement, ont ajouté foi à tout ce que sont venus leur raconter les docteurs ès-Algérie. On leur a dit que la Colonie était un pays de transhumance ; qu'elle n'avait d'autre raison d'être que l'industrie pastorale ; que l'indigène seul savait et pouvait élever des troupeaux ; que l'administration forestière avait accaparé toutes les terres et passait son temps à entraver l'industrie des Arabes, pour le seul plaisir de voir ces derniers mourir de faim ; qu'en Algérie, il n'y avait pas besoin de forêts puisqu'on ne pouvait s'y livrer qu'à l'élevage du bétail. Ils ont cru tout cela, comme ils ont écouté avec indignation les histoires et les légendes inventées et racontées par ces obséquieux qui saisissent toutes les occasions de faire leur cour aux hommes du jour (1). S'il y avait eu au Sénat, lors de l'acclamation du rapport Ferry et lors de l'adoption du rapport Guichard, le moindre débat contradictoire, peut-être eussent-ils été éclairés ; il eût certainement suffi de quelques mots pour qu'ils fussent amenés à reconnaître qu'ils avaient été induits en erreur. Mais hélas ! ces quelques mots n'ont pas été prononcés.

C'est à ces hommes politiques, c'est à ces sénateurs que nous venons faire entendre le son d'une autre cloche. En ceux-là, nous plaçons notre espoir car, nous l'avons dit, au Sénat il n'y a pas, il ne saurait y avoir ni maître, ni fétiche, ni homme infaillible.

Que si, par malheur, les Français d'Algérie étaient à ce point discrédités aux yeux de la Chambre Haute, qu'ils aient perdu jusqu'au droit d'appel à toute bienveillance, à toute sympathie, alors nous supplierions MM. les Sénateurs de

---

(1) Un des fonctionnaires qui ont le plus contribué à soulever et à entretenir l'attendrissement des sénateurs, en racontant à ceux-ci les indignes procédés des forestiers vis-à-vis des indigènes, est ce même fonctionnaire qui un jour, devant nous, se vantait de mener les bédouins comme des troupeaux de cochons.

nous écouter quand même, car il y va de la vie de leurs protégés. En effet, au train dont vont les choses, les Arabes eux-mêmes finiront par sécher quand les Français auront disparu. De vos propres mains, Messieurs les Sénateurs, vous aurez creusé leur tombe et voilà à quoi auront abouti ces folles dépenses de tendresse et de sollicitude ; dans l'intérêt de vos chers clients, faites donc respecter nos forêts. Nous nous permettrons de demander seulement qu'on veuille bien autoriser les colons à profiter un peu de l'ombre des arbres qui seront plantés à l'intention des bédouins et à prendre part — une part aussi petite que l'on voudra — aux bienfaits du reboisement.

Afin que ce que nous avons déjà dit et ce que nous aurons à dire des indigènes, ne reçoive pas une interprétation contraire à nos pensées, à nos intentions et aussi à nos écrits, nous avons à faire ici une déclaration avant d'aborder notre sujet : Bien longtemps avant qu'on ne s'émeuve au Sénat sur le sort des indigènes, bien avant que tous les membres de cette Assemblée ne se soient enrôlés dans les rangs de la croisade prêchée par de remarquables orateurs, nous avions, pour notre part, appelé l'attention des pouvoirs publics sur la situation des indigènes. Nous avions cru toutefois ne pas devoir nous borner à trouver un bouc émissaire. Nous avions recherché toutes les causes de cette situation et nous avions indiqué les remèdes à leur opposer.

Nos conclusions étaient qu'en appliquant ces moyens, on relèverait la race conquise, et que si l'on n'arrivait pas à son assimilation complète avec la race conquérante, on obtiendrait très certainement un rapprochement tel entre les deux peuples, qu'ils se soutiendraient mutuellement et concourraient également au maintien de la domination française et à l'extension de la colonisation.

Si donc, au cours de ces pages, MM. les Sénateurs ont vu ou voient dans certaines de nos expressions et de nos propositions une excitation à la haine et au mépris de leurs clients, nous les prions de vouloir bien se rappeler que nous avons donné la preuve de notre impartialité vis-à-vis des indigènes ; que depuis des années nous avons demandé que l'on respectât scrupuleusement leurs droits et leurs intérêts, et que l'on donnât satisfaction entière à leurs légitimes besoins.

Seulement, moins fougueux que les croisés du Sénat, nous avons su nous garder de tout entraînement, de toute réaction exagérée ; et, tout en déclarant très respectables les intérêts et les droits des indigènes, nous avons pensé qu'on voudrait bien considérer comme également dignes de respect ceux des colons. A notre très humble avis, il n'y a aucune raison de sacrifier les seconds aux premiers ; et, dussions-nous être anathématisé, nous n'hésitons pas à déclarer qu'en cas de conflit ou d'incompatibilité d'intérêts, c'est l'indigène qui doit céder. Comme on a appelé, et que l'on appelle encore des Français en Algérie, c'est apparemment pour faire de ce pays, si chèrement conquis, un pays français et non un pays musulman ; c'est pour cette raison que nous ne croyons pas outrager le bon sens en soutenant que l'intérêt du civilisateur doit primer celui du barbare, et que l'on fait à l'indigène un très grand honneur en l'associant, même malgré lui, même à son détriment passager, à l'œuvre que poursuit la France dans ce pays.

Nous demandons donc qu'on ne nous taxe pas de partialité vis-à-vis des Arabes. Nous croyons nous être montré jusqu'à présent leur défenseur prudent et leur ami sincère ; et nous estimons qu'en indiquant les limites qu'il importait de ne pas dépasser, nous avons beaucoup plus fait pour eux que ceux qui sont tout prêts à leur céder leur siège de sénateur. C'est pourquoi il nous serait très désagréable, après avoir été traité d'arabophile en Algérie, de nous voir traité d'arabophobe par les sénateurs et d'arabophage par la Commission des Dix-Huit. C'est pourquoi nous appelons de tous nos vœux la fin d'une réaction, qui n'est pas éloignée de trouver mauvais que des citoyens français continuent à aller en Algérie, le voisinage du Roumi déplaisant souverainement à messieurs les Arbis ou plutôt à quelques-uns de ces messieurs.

LE RAPPORT DE M. J. FERRY

Afin de n'être pas accusé d'avoir, pour les besoins de la cause, laissé dans l'ombre une partie quelconque du rapport de M. J. Ferry, nous allons passer ce document en revue paragraphe par paragraphe, sans en omettre une seule ligne. Le procédé manque d'ampleur, nous en convenons; et nous n'ignorons pas que si nous avions pu mettre sous les yeux du lecteur un retentissant plaidoyer, que nous eussions demandé à la plume d'un styliste de haute marque, nous aurions peut-être été suivi jusqu'au bout par tous ceux qu'un premier bon mouvement ou seulement la curiosité ont conduit jusqu'à cette page. Tandis que la plupart vont s'empresser d'abandonner l'importun, dès qu'ils constateront la peu élégante tournure que prend la discussion, le vulgaire terre-à-terre de cette discussion et le mauvais goût d'un monsieur qui ose disséquer une admirable œuvre d'art, la couper par tranches et à coté de ces tronçons du monument apporter quoi? Des faits et des arguments! Quelque soit le regret que nous éprouvions à n'être pas goûté de nombreux hommes politiques, nous persistons dans notre manière de présenter la défense des forêts de l'Algérie; les dévoués qui après l'épreuve se joindront à nous, apporteront à cette défense un concours plus efficace que des amateurs toujours prêts à applaudir les opinions les plus diverses, pourvu qu'elles soient exprimées par des virtuoses de la parole ou de la plume.

« La question forestière est une des plus importantes du problème algérien. Elle peut être considérée sous des aspects divers. Un rapport spécial sera fait, au nom de votre commission, sur l'exploitation, les méthodes de culture, la gestion et les produits de cet immense domaine. Je ne veux ici l'envisager qu'à un seul point de vue, qui n'a rien de technique : la part qu'il convient de faire à l'intervention de la métropole et à l'initiative des pouvoirs locaux. »

La question forestière est, de l'avis de M. J. Ferry, une des plus importantes parmi les questions algériennes. De plus, elle est complexe, car pour la résoudre il y a à étudier l'état du domaine forestier ; les revenus actuels et les revenus de l'avenir ; le programme à établir pour obtenir des résultats au point de vue financier ; les réformes à apporter dans les modes d'exploitation ; les méthodes de culture ; le recrutement du personnel ; les amendements à apporter à la législation forestière, etc., etc.

Il y a aussi, en dehors de toutes autres préoccupations, à étudier, à préciser le rôle considérable que la forêt doit jouer dans ce pays ; et c'est évidemment ce côté de la question qui donne à celle-ci l'importance dont parle M. Ferry.

Eh bien ! quand tout cela reste à examiner, à étudier, à approfondir, que vient-on proposer ? De décider d'ores et déjà ce que sera, dans tout ce qui est à créer ou à modifier, la part du pouvoir central et celle des pouvoirs locaux.

Que sortira-t-il du travail de la Commission ? Que résultera-t-il des enquêtes auxquelles se livrera la Commission auprès des intéressés et des administrations ? Qu'adviendra-t-il après les discussions à la tribune, qui suivront le dépôt du rapport de la Commission ? Cela importe peu. Ce qui importe, c'est de savoir entre quelles mains on remettra la direction d'affaires dont on ne connait ni la nature, ni le caractère, ni la complexité, ni les corrélations avec les autres questions algériennes, d'affaires en un mot qui sont à l'étude.

On reconnaîtra sans peine que c'est là une façon de procéder qui n'a rien de commun avec la logique. Jusqu'à ce jour, on n'établissait la synthèse d'un organisme qu'après en avoir fait scrupuleusement l'analyse. Aujourd'hui, on a changé tout cela. On commence par la fin. L'obsession de l'idée fixe des pouvoirs forts peut seule expliquer un tel oubli des règles les plus élémentaires de la méthode.

« Avant 1881, l'administration forestière de l'Algérie était constituée comme il suit :

» De 1838 à 1849, le service des forêts avait été placé sous un chef unique résidant à Alger. Le 16 juin 1849, il fut créé, dans chacune des trois provinces, un chef de service qui relevait du préfet en territoire civil, des généraux de division en territoire militaire. »

Il est à regretter que M. J. Ferry ait autant écourté cet historique. Il eut été intéressant, en effet, de montrer aux personnes que l'on voulait éclairer comment, sous le régime militaire, les pouvoirs forts d'alors, c'est-à-dire les Ministres de la guerre, possédaient l'omniscience en matière d'affaires algériennes, et couronnaient leur œuvre, en matière de forêts, par l'abandon à des favoris du plus beau joyau du domaine forestier. Ce détail rétrospectif eut été très certainement remarqué et eut jeté quelque lumière sur la campagne actuelle en faveur du retour aux dits pouvoirs forts que l'on veut rétablir, sous une autre forme, il est vrai, mais qui n'en est pas moins aussi dangereuse que la première.

« En 1873, un inspecteur général des aménagements, forestier de haute compétence, M. Tassy, envoyé à Alger en mission spéciale, conseillait « avant toutes choses » et comme une mesure « indispensable », la création, à Alger, d'une direction centrale des forêts de la Colonie, avec entrée du titulaire au Conseil de gouvernement.

» Ce rapport servit de base au décret organique du 27 septembre 1873, dont les dispositions, très brèves mais très précises, sont utiles à rapporter :

» Art. 1er — Le service forestier de l'Algérie demeure rattaché au Gouvernement général.

» Il est centralisé, à Alger, entre les mains d'un conservateur, qui exerce, sous l'autorité du directeur général des affaires civiles et financières, toutes les attributions dévolues aux conservateurs de France. Le chef des services départementaux des forêts correspondra directement avec lui.

» Art. 2. — Il sera procédé, dans un délai aussi rapproché que possible, à la reconnaissance définitive et à la délimitation du sol forestier, ainsi qu'à la soumission au régime forestier des forêts ou portions de forêts qui seront reconnues exploitables ou nécessaires pour le régime des eaux.

» Art. 3. — Des arrêtés du Gouverneur général civil, délibérés en Conseil de gouvernement, peuvent suspendre temporairement la soumission au régime forestier des forêts situées sur des territoires où l'état politique des populations ne comporte pas l'application ou le maintien de ce régime. »

Monsieur Tassy, suivant le rapporteur, serait l'inspirateur de la partie du décret de 1873 qui rattachait les forêts au Gouvernement général. Ce fonctionnaire ayant demandé la création d'une direction spéciale du Service forestier à Alger, le rapporteur en a conclu que celui-ci était partisan du rattachement. Tous les exemplaires de l'enquête Tassy n'ont fort heureusement pas encore disparu; et voici ce qu'on y peut lire à l'appui de l'opinion qui lui est attribuée aussi gratuitement :

« Quant aux territoires où l'administration civile pourra être installée, le bon sens veut que désormais le Service forestier jouisse de toute la plénitude du pouvoir qui lui a été conféré par le Code forestier, et n'ait pas à se conformer *aux exigences d'une autorité qui ne saurait, aussi bien que lui, apprécier l'importance des intérêts pour la protection desquels il a été institué.* »

Est-elle assez topique cette réponse faite par avance au décret de 1873, décret que l'on voudrait rééditer aujourd'hui ? Nous ajouterons que les lignes reproduites ci-dessus et que nous avons soulignées en partie, précèdent immédiatement la citation empruntée par M. J. Ferry au travail de M. Tassy.

En vérité, nous ne savons que penser de tels procédés. Il est évident que M. J. Ferry a été trompé par la ou les personnes chargées par lui de recueillir des documents, et que tout l'odieux de cette conduite retombe sur ces personnes. Mais il en est pas moins regrettable de voir un rapporteur ne pas prendre le temps de vérifier, de contrôler des textes attribués à la plus haute autorité qui existe actuellement en matière de forêts.

Que M. Tassy ait voulu que le Service forestier fût représenté au Conseil supérieur, cela n'est pas douteux. Il voulait que quelqu'un de compétent et d'autorisé fût là pour couper court immédiatement aux projets insensés qui de temps à autre prenaient naissance dans cette Assemblée éminemment supérieure ; il voulait qu'il y eût là un fonctionnaire indépendant et d'ordre assez élevé pour tenir tête aux fantaisies des gouverneurs, et pour corriger aux besoins les membres aussi incompétents que mal élevés qui se permettaient de traiter d'ignares les fonctionnaires forestiers, avec la haute approbation du Président du Conseil.

Mais de là à représenter M. Tassy comme un partisan résolu du rattachement du Service forestier au Gouvernement général, il y a loin, bien loin. Il y était formellement opposé, on vient de le voir.

Son opinion n'a pas varié depuis cette époque ; voici, en effet, un passage de son livre « Aménagement des forêts » paru en 1887 :

« ... En présence de ces perspectives qui n'ont rien d'excessif, voulons-nous persévérer dans notre insouciance ?

» Si oui, alors, déchargeons l'Administration publique d'une gestion qu'elle est impuissante à exercer utilement ; abandonnons les forêts au *laisser faire et laisser passer* des économistes ; livrons les forêts communales aux municipalités qui en feront ce que bon leur semblera ; livrons les forêts domaniales à la spéculation qui les convoite.

» Si non, alors ne marchandons pas au service forestier l'autorité légale et les ressources financières dont il a besoin pour accomplir sa mission ; traitons les questions forestières d'une autre façon ; traitons-les comme des affaires d'Etat ; élevons-les au-dessus des fluctuations de la politique courante, des convoitises ou des récriminations individuelles et surtout des influences électorales ; ... envisageons enfin les intérêts forestiers comme on ne dédaignait pas de le faire sous les anciens gouvernements, quoique l'on eût, pour s'en distraire, d'aussi fortes raisons que celles qu'on pourrait alléguer aujourd'hui... »

L'homme qui estime que les questions forestières doivent être élevées au-dessus des fluctuations de la politique, des convoitises individuelles et surtout des influences électorales, ne pouvait songer à confier les intérêts forestiers de l'Algérie à un fonctionnaire qui, par la nature de ses fonctions spéciales, est plus que tout autre soumis aux vicissitudes de la politique (la moyenne de leur existence est de 4 ans depuis 1870) ; qui ne peut vivre qu'à condition de donner satisfaction à toutes les convoitises ; et qui enfin est le prisonnier ou l'exécuteur docile des électeurs influents.

C'est, en définitive, bien à tort que l'on a fait intervenir M. Tassy comme favorable aux idées du jour.

Pour notre part, nous n'avons pas toutefois à regretter cette intervention, car elle nous a donné l'occasion d'abord de rétablir la vérité, ensuite de revendiquer comme un des nôtres celui dont on travestissait les idées, pour couvrir de sa haute autorité les projets de la Commission sénatoriale.

« En 1878, M. Teisserenc de Bort envoyait en Algérie M. Niepce, conservateur des forêts, avec mission « de prendre » possession, au nom du département ministériel, des mas- » sifs boisés qui pourraient être gérés *d'après les mêmes » principes et suivant les mêmes règles que les forêts de » France.* »

» M. Niepce procéda sur place à cet inventaire. Sur 2,498,612 hectares de forêts détenues par l'Etat, — les unes en vertu des opérations du sénatus-consulte de 1863, les autres en vertu de la présomption légale de la loi du 16 juin 1851, laquelle déclare les forêts biens de l'Etat, sous la réserve des droits de propriété et d'usage antérieurement acquis, — il ne trouva que 55,643 hectares susceptibles d'être assimilés ; il restait, en définitive, 2,442.969 hectares qui ne pouvaient être gérés d'après les mêmes principes et suivant les mêmes règles que les forêts de France. La question paraissait tranchée ; ces massifs susceptibles d'être traités à la française, semés comme des îlots sur ce chaos forestier, ne pouvaient pas même former une circonscription administrative ; le Ministre refusa d'en prononcer le rattachement. »

Nous n'avons pu nous procurer le rapport de M. Niepce ; nous le regrettons, car nous aurions bien voulu connaître l'opinion formelle de ce fonctionnaire. Non pas que nous craignions que l'on ait traduit cette opinion comme on avait accommodé celle de M. Tassy ; mais nous eussions été bien aise d'être éclairé et édifié à cet égard.

A défaut, nous nous contenterons du texte même du rapport sénatorial. Que voit-on dans ce document ? M. Niepce est chargé de prendre possession des massifs boisés qui peuvent être « *gérés d'après les mêmes principes et suivant les mêmes règles que les forêts de France.* »

Qu'est-ce que cela veut dire ? Il nous semble qu'il est impossible de tirer du rapport autre chose que la conclusion suivante : M. Niepce, après enquête et examen n'a trouvé en Algérie que 53,643 hectares de véritables forêts, semblables à celles de la Métropole et susceptibles comme celles-ci d'être soumises à un régime normal de surveillance, d'aménagement et d'exploitation. Mais cela, M. Tassy l'avait déjà dit en toutes lettres dans son rapport de 1872. Dans ce rapport, voici en effet, comment il s'exprime : «... Pour moi, j'oserai assurer qu'il ne reste des futaies offrant quelques ressources, immédiatement exploitables, que dans les régions supérieures du Tell ; et ce qui les a préservées d'une destruction complète, c'est la difficulté de la vidange. Partout ailleurs et sur les TROIS CINQUIÈMES AU MOINS de l'étendue totale du sol forestier, il n'y a que des mauvais taillis ou des broussailles. »

M. Niepce n'a donc, en réalité, fait que constater de nouveau la situation relevée une première fois par son prédécesseur ; et comme ce dernier, il a conclu qu'une faible part de forêts pouvait être seule traitée et exploitée comme celles de la Métropole. Evidemment il n'a pas tiré, il ne pouvait tirer d'autre conclusion de ce fait.

D'ailleurs, le rapport sénatorial reste dans des termes très vagues au sujet de la suite donnée à l'enquête Niepce. « Le Ministre refusa de prononcer le rattachement » du chaos forestier, nous dit-on. Cela veut-il dire qu'il demanda la distraction de ce chaos du domaine de l'Etat et son abandon pur et simple aux mains des indigènes ou à la discrétion d'un fonctionnaire ? Nous nous imaginons difficilement un ministre proposant l'aliénation, sous une forme ou sous une autre, de 2,442,969 hectares sur les 2,468,612 du Domaine. Une telle proposition eut amené son internement d'office dans un asile.

Au surplus, si quelqu'un, d'après le paragraphe consacré à M. Niepce, persistait encore à voir dans ce fonctionnaire un partisan de la remise du service forestier au Gouvernement Général, nous le prierions de vouloir bien prendre connaissance des lignes suivantes empruntées à un article intitulé : *La guerre aux forêts de l'Algérie :*

« C'est cette force (de résistance de l'administration métropolitaine) qui a suscité toutes les colères ; c'est elle que l'on veut briser et c'est contre elle qu'est dirigée toute cette campagne de presse qui, prenant des détours, attaque le Service forestier depuis plusieurs années.

Ceux qui la mènent ont trouvé de puissants appuis qui la rendent inquiétante. La Commission sénatoriale qui est allée l'an dernier en Algérie a été circonvenue et paraît avoir pris parti contre les rattachements.

M. le Sénateur Guichard, rapporteur de la commission, leur est ouvertement hostile, et s'en réfère d'ailleurs dans ses conclusions au rapport antérieur de son président, M. J. Ferry.

En lisant ce document, il est attristant de voir combien les renseignements fournis à l'honorable Sénateur, ont été puisés à mauvaise source.

...Attaqué par de si hautes personnalités, le régime des rattachements n'en est pas moins sérieusement menacé. Il est cependant la meilleure sauvegarde des forêts de l'Algérie.. » (1)

Ces lignes sont signées S. Niepce.

De ceci, il résulte que M. le Président de la Commission sénatoriale n'a pas été plus heureux

(1) *In. Revue des Eaux et Forêts,* 10 avril 1893.

en appelant M. Niepce à son secours, qu'il ne l'a été en invoquant l'autorité de M. Tassy.

« Mais les partisans de l'assimilation quand même ne s'arrêtaient pas à d'aussi mesquines considérations. Les députés algériens, rapporteurs du budget de l'Algérie, voulaient le rattachement total. En 1880, l'honorable M. Girerd, sous-secrétaire d'Etat au Ministère de l'Agriculture et Président du Conseil d'administration des forêts, le voulait aussi. Devant la Commission des rattachements, l'affaire fut vite entendue. Ce sont toujours les mêmes et brèves raisons, *brevitas imperatoria*. Un seul membre, M. Villet, conseiller maître à la Cour des comptes, résiste et déclare que l'administration métropolitaine est « incompétente » pour résoudre les questions innombrables et si délicates de tribu, de famille, de propriété arabes qui soulèvent à chaque pas, en Algérie, les droits d'usage perdus dans la nuit du temps, les antiques enclaves, les prescriptions plusieurs fois séculaires. Il lui fut répliqué que l'administration française est la première du monde, et que si elle ne sait rien de toutes ces choses, elle aura le temps de les apprendre. Tout fait craindre malheureusement qu'elle ne les ait pas suffisamment apprises. »

Chacun en a, comme on voit, en raison du nombre de ses galons. Ce sont d'abord les assimilateurs qui reçoivent les premiers coups ; on les ménage toutefois, car on ne les traite plus, comme autrefois, d'assimilateurs à outrance. Il y a atténuation ; il y a progrès ; ils ne sont plus que des assimilateurs quand même. La différence n'est pas bien grande, mais il faut savoir se contenter de peu. Puis viennent les députés algériens, ces « rapporteurs du budget de l'Algérie ». Nous saisissons toute l'étendue de ce reproche ; mais nous devons faire remarquer toutefois qu'ils ne se sont jamais nommés eux-mêmes rapporteurs du budget. De M. Girerd, on ne dit pas grand'chose, sinon qu'il « le voulait aussi ». Nous supposons qu'il devait avoir ses raisons pour exprimer sa volonté aussi fermement ; et ses raisons devaient avoir quelque valeur, car la compétence de l'ancien sous-secrétaire d'Etat était admise sans conteste par tous les hommes qui, en connaissance de cause, s'occupaient des questions forestières; et la Commission sénatoriale ne se formalisera pas si nous prétendons que cette compétence égalait au moins celle de chacun de ses membres, sans exception aucune.

Quant à la Commission des rattachements, on lui a dit son fait en deux mots; elle s'est inclinée onctueusement devant la « *brevitas imperatoria* » se bornant à répondre à M. Villet « que l'administration française était la première du monde, et que si elle ne sait rien de toutes ces choses, elle aura le temps de les apprendre ». Nous avons eu occasion de voir souvent l'administration sur la sellette; mais nous devons reconnaître que jamais, en aussi peu de mots, elle n'a été aussi persiflée que par l'ancien Président du Conseil...

Seul, M. Villet a eu l'énergie de protester contre tous ces gens obstinément entichés d'idées baroques : l'administration métropolitaine était « incompétente ». Mais il paraît que ce *veto* n'a pas eu le don d'émouvoir la Commission. Nous rendons hommage au courage malheureux du Conseiller de la Cour des Comptes et apprécions dans une certaine mesure l'importance de son *distinguo*.

Il faut distinguer, en effet; ainsi, par exemple, M. Villet était incompétent à Paris; mais qu'on l'eût nommé gouverneur, sous-gouverneur ou même simplement conseiller de gouvernement, aussitôt à son bureau d'Alger il fût devenu extrêmement compétent; il eût délibéré immédiatement sur « les droits d'usage perdus dans la nuit des temps, les antiques enclaves, les prescriptions plusieurs fois séculaires » *de omni re scibili* enfin, et surtout *de quibusdam aliis;* et eût morigéné, le lendemain de son arrivée, les Parisiens qui eussent voulu mettre le nez dans ses affaires.

Il n'est guère possible de donner une explication satisfaisante de cette transmutation des aptitudes; mais il en est de cette transmutation comme de celle des forces dans la nature : la chaleur se transforme en électricité; on ne ne sait pas pourquoi, mais le fait n'en existe pas moins.

Quoi qu'il en soit, M. Villet a été le seul opposant au rattachement des forêts. Nous ne voulons pas tirer un bruyant parti de son isolement au milieu de ses collègues, attendu qu'il n'est pas rare de voir dans les assemblées la minorité, même réduite à une unité, représenter l'opinion vraie. Mais cependant nous ne croyons pas qu'on nous sache mauvais gré de faire ressortir que ce fonctionnaire a été le seul de son opinion dans une commission, dont les membres n'avaient pas été ramassés dans la rue et au hasard. Il y avait là des noms qui pouvaient soutenir la comparaison avec celui du précurseur des idées en faveur aujourd'hui.

« Tout fait craindre, malheureusement, dit M. J. Ferry, qu'elle (l'administration) ne les ait pas suffisamment apprises (les choses d'Algérie). » Nous ne connaissons pas exactement le degré de science ou d'ignorance de l'Administration sur ce sujet; avec M. Ferry, nous croyons cependant qu'elle a, en effet, beaucoup à apprendre.

Qu'il nous soit permis toutefois de réclamer un peu d'indulgence en sa faveur, tout au moins en faveur des pauvres diables dont les rapports ont illustré tant de nos législateurs modernes. Nous comprenons qu'à la Commission sénatoriale, composée tout entière de professeurs émérites connaissant le fonds et le tréfonds des affaires algériennes, on se montre un peu dur vis-à-vis de gens qui ont eu le tort de ne pas être en situation de se faire sacrer grands hommes par le suffrage universel ou par le suffrage restreint. Un peu d'indulgence n'eut pas nui toutefois à sa considération.

Certes, nous n'entendons pas soutenir que l'administration française ne mérite pas une grande partie des critiques dirigées contre elle par le plus humble des citoyens comme par les sénateurs les plus éminents ; nous estimons seulement qu'il y a dans toutes les administrations beaucoup de sujets intelligents et qui ne demandent qu'à mettre en relief leur activité et leur intelligence. Les critiquer du haut de la tribune, cela est très bien ; mais ce qui serait mieux, ce serait de briser les errements qui font, au bout de quelques années, de ces hommes d'avenir des soliveaux opposant au progrès leur force d'inertie. Les représentants du peuple préfèrent se déclarer impuissants devant la bureaucratie ; mais cet aveu d'impuissance de la part de nos souverains n'est-il pas seulement un prétexte ?

« Les administrations qui ont un passé et une histoire, et en particulier celles qui reçoivent dans un séminaire administratif, soigneusement recruté et entretenu, l'éducation professionnelle, et qui s'y forment à cet ensemble de vues, de traditions et de sentiments que l'on appelle l'esprit de corps, ces administrations ne se referont pas. Elles sont ce qu'elles sont et leur force vient précisément de ce qu'elles ne sauraient être autrement. L'Ecole forestière de Nancy date de 1824, le Code forestier est devenu loi de l'Etat le 31 juillet 1827. Historiquement, intellectuellement, administrativement, le Code et l'Ecole sont inséparables. Le Code est une législation dure, fiscale, inflexible, conservatrice à outrance, réglementaire jusqu'à la minutie, hostile aux droits d'usage, qu'elle traite en suspects et en ennemis, exclusivement préoccupée de défendre par des pénalités sévères, par des condamnations pécuniaires très rigoureuses, sans admission possible de circonstances atténuantes, cette richesse de l'avenir contre laquelle se trouvent naturellement conjurées toutes les avidités, toutes les imprévoyances, toutes les misères ; législation, d'ailleurs, essentiellement contingente et particulière, qui s'explique par l'histoire, par la latitude, par le climat, édictée surtout en vue des régions forestières de l'Est et du Centre, — le chêne-liège n'y est ni mentionné, ni entrevu, ni soupçonné, — et pour une société très fortement organisée, où la propriété est constituée depuis des siècles, où le domaine de l'Etat, comme celui des communes et des particuliers, repose sur des titres, des bornages, un cadastre. »

« Telle est la loi écrite, et telle aussi l'Ecole faite pour l'appliquer. On n'y doit apprendre ni la souplesse qui tourne l'obstacle, ni l'indulgence qui ferme les yeux. On s'y imprègne de la règle professionnelle. Or, la règle n'est ni bienveillante, ni malveillante, mais technique et impassible. »

Nous renonçons à traduire ici la pénible impression que nous a laissée ce passage du rapport qui fait du personnel forestier une congrégation de fanatiques, ne connaissant qu'une chose : l'application aveugle et féroce de la loi. Lorsque l'on est provoqué, on est excusable, si dans le feu de la riposte, de la polémique on se laisse aller à des injures, à des expressions blessantes, à des termes de mépris. Mais était-ce le cas de la Commission sénatoriale ? Dans une assemblée où le bon sens et le sang-froid, l'équité, la logique sont de fondation, une telle dérogation à ces respectables traditions est incompréhensible, est sans excuse. Quel que soit le motif d'une pareille aberration des esprits, ce motif fût-il la nécessité de prouver envers et contre tous le besoin des pouvoirs forts, nous ne saurions l'admettre, pour notre part.

Que reproche-t-on aux forestiers ? D'avoir appliqué une loi inapplicable et de l'avoir exécutée comme jadis les janissaires exécutaient les ordres du Dey.

Sur le premier point, nous répondrons que cette loi tant incriminée, ce n'est pas les forestiers qui l'ont faite ou qui l'ont imposée, le couteau sur la gorge, au législateur. Il est stupéfiant que ce dernier fasse un crime à l'exécuteur de la loi de ne pas s'être révolté contre cette loi, ou d'avoir manqué à son principal devoir en ne la faisant pas respecter.

Qu'aurait-on dit s'il avait suivi ce dernier parti ? On n'eût pas manqué de le rendre responsable de l'affreuse situation actuelle ; il n'y eut pas assez eu d'imprécations dans le répertoire classique pour vouer aux gémonies l'administration inactive, impassible, inerte qui eût laissé se consommer devant ses yeux la dévastation de nos forêts. Elle a lutté autant qu'elle a pu pour conjurer, atténuer le danger ; c'est grâce à elle qu'il existe encore quelques arbres dans la Colonie ; elle a eu tort et son crime est impardonnable.

Le Code forestier est inapplicable aux indigènes, dit-on. Nous reviendrons sur ce point. Pour le moment, nous n'avons qu'à dire quelques mots sur ce point.

D'abord appartenait-il aux forestiers de discuter l'applicabilité de la loi. Pourquoi ne s'en prend-t-on pas aussi aux magistrats parce qu'ils appliquent le Code pénal aux indigènes, sans élever de protestations contre l'opportunité de cette application ? Que ne les flétrit-on aussi parce qu'ils font couper la tête à des musulmans assassins ? Est-ce que le Code pénal français a été fait pour ces derniers ? Ne serait-il pas plus juste de tenir compte de leurs habitudes qui « se perdent dans la nuit des temps » et de leur accorder de grandes récompenses chaque fois qu'ils tuent un infidèle ? Le Code pénal s'explique lui aussi par « l'histoire, par la latitude, par le climat » ; c'est donc à tort qu'on continue à l'appliquer aux indigènes. Ainsi le voudrait la logique en ce moment en honneur dans les hautes sphères de la politique !

Le rapport semble reconnaître que le Code forestier a eu comme objectif de « défendre cette richesse de l'avenir (les forêts) contre laquelle se trouvent conjurées toutes les avidités, toutes les imprévoyances, toutes les misères ». N'est-ce pas le cas en Algérie ? N'est-ce pas le tableau vrai des assauts continuels qu'a à subir ici le domaine forestier ? Enfin, est-ce que, ici plus qu'en France peut-être, à cause de la latitude, de la configuration, de la structure du pays, à cause du voisinage du désert, la forêt ne constitue pas la plus précieuse des richesses de l'avenir, la meilleure sauvegarde de la colonisation ? Quelqu'un peut-il concevoir la possibilité de la colonisation avec 55,000 hectares de forêts, ainsi qu'on l'a proposé plus haut ? Que celui-là qui aurait une pareille pensée, ose donc venir le proclamer tout haut ?

Le Code forestier a été édicté en vue d'une société, où la propriété repose sur des titres, des bornages, un cadastre, dit le rapport. Eh bien ! qui donc a empêché le législateur de faire toute diligence pour que, dans l'espace de quelques années, il en eut été ainsi en Algérie ? Nous voudrions bien savoir combien de minutes nos sénateurs ont consacrées à l'étude de ces graves questions ? Ce n'était, en somme, qu'une affaire d'argent. On en a bien trouvé, de l'argent, et beaucoup, pour l'instruction des indigènes (on verra les résultats sous peu) ; pourquoi donc n'en trouverait-on pas pour des choses de première nécessité et d'où dépend l'existence même de ces populations ? Serait-ce parce que l'on craindrait que cet argent ne fût dévoré par les colons ?

Dame ! on nous répondrait cela, que nous n'en serions pas autrement surpris.

Enfin, ce qui montrerait surabondamment la stupidité de l'importation de la législature forestière en Algérie, c'est que « le chêne-liège n'y est ni mentionné, ni entrevu, ni soupçonné » Nous n'apercevons pas, nous n'entrevoyons pas, nous ne soupçonnons même pas pourquoi cette lacune rend le Code français si odieux à M. J. Ferry. Chaque fois que l'on découvrira ou que l'on introduira une essence forestière nouvelle en Algérie ou en France, est-ce qu'il faudra procéder à une nouvelle édition de la législation ?

Mais, peut-être le rapporteur a-t-il seulement voulu montrer l'insuffisance de l'instruction des forestiers, et bafouer des agents qui, en sortant de l'Ecole, ne savent pas distinguer un chêne-liège d'un palmier et n'en ont pas moins l'effronterie non seulement de venir en Algérie, mais encore de prétendre exploiter le liège des forêts de l'Etat. Si telle a été l'intention de M. J. Ferry, il nous faudra dire qu'il a été bien mal renseigné par celui de ses amis qui s'est permis une sortie analogue en plein Conseil supérieur à Alger. Il était cependant bien facile à l'honorable Sénateur d'apprendre qu'à Nancy l'exploitation du chêne-liège fait partie du programme de l'enseignement depuis bien longtemps. Sur sa demande, on lui eût appris également que l'auteur le plus estimé et dont l'ouvrage est entre les mains de tous les industriels du liège, est un ancien inspecteur des forêts de l'Algérie, M. Lamey.

Sur le second point, nous aurons occasion de revenir plus loin. A propos de cette légende de la prétendue férocité des agents forestiers, il nous suffira pour l'instant de reproduire deux lignes empruntées au rapport que vient de publier le Gouvernement général de l'Algérie sur un projet du Code forestier : « Ainsi, malgré la tolérance montrée par la plupart des Agents forestiers, des tiraillement ne tardèrent-ils pas à se montrer.... L'administration des forêts appliquait avec de grands tempéraments le Code forestier de la Métropole !... »

Cette constatation de la conduite des agents forestiers, nous l'empruntons de préférence au Gouvernement général par ce que, jusqu'à ce jour au moins, il a plutôt fait preuve d'hostilité que de sympathie vis-à-vis du Service forestier ; l'aveu ne peut donc être suspecté ! (1)

Nous ferons remarquer, en passant, l'importance de cet aveu, car il établit que le Service forestier n'a pas eu besoin jusqu'à présent d'un tuteur ou d'un directeur spécial pour se montrer à la hauteur des circonstances, pour remplir avec tact sa mission. Ce n'est donc pas encore de ce côté là qu'il faudra aller chercher des arguments pour transformer le Gouvernement en grand Maître des forêts.

De tout ce paragraphe du rapport, que restera-t-il ? Rien, si ce n'est le regret, pour ceux qui l'ont couvert de leurs applaudissements, d'avoir contribué à jeter la déconsidération sur un corps d'élite, auquel on a trouvé à reprocher que d'avoir fait son devoir. Dans son acharnement à dépécer l'administration qui faisait obstacle à ses projets, le rapporteur a-t-il au moins tenté d'adoucir ses violentes critiques par quelques unes de ces paroles, comme on en trouve toujours sous la plume des écrivains que n'égare pas la passion ? Non. « Historiquement, intellectuellement, administrativement, le Code forestier et l'Ecole forestière sont inséparables. Telle est la loi écrite, et telle aussi l'Ecole faite pour l'appliquer. » Tel est le verdict brutal tombé des lèvres de M. J. Ferry ! De cette Ecole que toutes les nations sont venues étudier et copier ; de ces travaux scientifiques, dont la collection réunie à l'Exposition de 1889 a été si hautement appréciée par tous ceux qui s'en sont approchés ; de ces monuments dont un seul, comme celui de Tassy, serait l'orgueil d'une administration et du pays qui possèderait cette administration ; de ces magnifiques travaux de restauration des terrains en montagne, que les étrangers seuls, les Allemands eux-mêmes malgré leur

(1) Le rapport de M. J. Ferry n'est que l'amplification d'une « Note sur les forêts de l'Algérie » due aux bureaux du Gouvernement Général.

morgue, viennent admirer; de tout cela, il n'est pas fait mention. Tout cela n'est rien, n'existe pas. M. J. Ferry ne voit et n'a vu dans le forestier qu'un être particulier qui ne voit, n'entend, ne respire que par le Code forestier, et dont l'intelligence a pour tout domaine la lecture, la contemplation et l'application du livre sacré.

S'il est affligeant de voir une réunion d'hommes donner le genre de spectacle peu édifiant que vient d'inaugurer la Commission des Dix-Huit, que dire de ce Ministre qui, en présence de ce flot d'injures distillées froidement dans le silence du cabinet, n'a pas su trouver un mot, un seul mot de protestation. Quand un sous-agent de la police, un de ces hommes qui répugnent même à ceux qui les emploient, est mis en cause devant le Parlement, on voit aussitôt un Ministre escalader la tribune et poser la question de confiance. Il n'en a pas été de même, quand une administration respectable entre toutes, respectable par son recrutement, par son passé, par ses travaux, par ses illustrations, a été atteinte dans son honneur et dans sa dignité ! Qu'elle ait été attaquée, critiquée violemment soit ! Nous admettons ces attaques et ces critiques aussi injustes qu'elles soient, aussi injustifiées qu'elles soient dans la bouche de certains membres du Parlement, nous les comprenons puisque nous sommes sous un régime de liberté. Mais que le défenseur autorisé du service forestier, que ce Ministre placé mieux que personne pour connaître la vérité, n'ait pas ouvert la bouche pour faire crouler en quelques minutes tout cet échafaudage d'accusations intéressées, cela nous stupéfie et nous confond ! Nous en appelons à tous ceux que n'aveugle pas le parti-pris. Ne voient-ils pas clair maintenant dans ce complot ourdi, uniquement tramé dans le but de faire aboutir une combinaison quelconque ? En voyant les procédés auxquels on ne craint pas d'avoir recours pour réussir, ne seront-ils pas édifiés sur la valeur de la combinaison ?

« C'est à ce personnel distingué, régulier, scrupuleux, mais aussi étranger que possible aux choses africaines, que les décrets de 1881 ont remis exclusivement et directement tout le domaine forestier de la colonie. »

Il nous semble que tous les fonctionnaires qui viennent de la Métropole sont dans le même cas ; comme les forestiers, ils sont « aussi étrangers que possible aux choses africaines. » Cependant on ne le leur a jamais reproché, parce qu'on sait qu'il leur suffit d'un petit apprentissage à faire en arrivant pour être mis au courant, et que grâce aux chefs et aux anciens, c'est chose facile et rapide. Pourquoi le personnel forestier serait-il plus rebelle que les autres à cet apprentissage ? Est-ce parce qu'il est « distingué » — on a vu en quoi consiste cette distinction — « régulier » — comme ceux d'Abd-el-Kader, sans doute, — « scrupuleux ». — comme tous les sectaires ?

Quant aux chefs de service, ils ne sont jamais choisis que parmi les fonctionnaires qui ont déjà accompli une partie de leur carrière en Algérie. Ce n'est donc pas non plus aux Conservateurs des forêts que le reproche convient ; et nous pensons que M. le Rapporteur eût été beaucoup mieux inspiré en visant le plus haut fonctionnaire de l'Algérie. En effet, depuis 1871, nos gouverneurs étaient, sauf deux, absolument étrangers aux dites choses africaines, quand ils nous ont fait l'honneur de poser le pied sur le rivage également africain. Cela ne les a pas empêchés de trancher les questions les plus complexes et de légiférer un quart d'heure après leur débarquement. Nous n'ignorons pas que les grands jouissent, indépendamment du coup d'œil d'aigle, de grâces d'état toutes particulières inconnues chez le *vulgum pecus ;* mais on avouera que M. le Rapporteur a laissé passer là une occasion unique d'appliquer à qui de droit une observation très juste.

« A l'honorable M. Jacques, député d'Oran, qui dans la Commission s'y opposait, non sans vivacité, le président du Conseil d'administration des forêts répondait : « Mais vous » voulez donc une Ecole forestière à Alger ? » — Il en faudrait une, en effet, car il y a entre la forêt de France et la forêt algérienne un fossé plus profond que la Méditerranée, l'épaisseur de plusieurs siècles de civilisation. »

La réplique du fonctionnaire forestier à M. Jacques paraît surprendre l'auteur du rapport. Et pourtant elle n'est que logique, étant donné le système défendu par les particularistes algériens, lesquels ne voient le salut que dans une spécialisation des choses algériennes. Il est évident, en effet, que s'il y a entre ces dernières et celles de la Métropole le fossé profond dont parle M. J. Ferry, il faut au plus vite créer autant d'écoles qu'il y en a dans la Métropole. Une école des ponts et chaussées est indispensable, attendu que les ingénieurs sont appelés, par exemple, à construire dans des conditions différentes de celles de France; une école militaire est nécessaire attendu que certains officiers ont à commander des régiments, comme les tirailleurs et les spahis, qui n'existent pas dans la Métropole; une école normale supérieure est à créer, car les professeurs rencontrent dans leurs classes de nombreux éléments étrangers et indigènes; des écoles administratives surtout, une pour chacune de nos administrations, s'imposent, puisque les employés ont à tout moment affaire à un public différent de celui de l'autre rive méditerranéenne et ont à traiter de matières distinctes de celles de la Métropole.

Mais, dit-on, n'y a-t-il pas déjà à Alger des Ecoles de droit, de lettres, de sciences, de médecine? Ces institutions ne sont-elles pas la preuve de la nécessité d'une spécialisation algérienne? A cela nous répondrons que nous ne croyons pas que ce soit cette raison qui détermine le Ministère de l'Instruction publique à fonder dans la Métropole, de temps à autre, une Faculté de province. Ce n'est pas parce qu'il y a une médecine spéciale de la Gironde ou de la Haute-Garonne qu'il a fondé, par exemple, les Facultés de médecine de Bordeaux et de Toulouse; c'est uniquement parce qu'il a trouvé dans ces villes des éléments d'instruction et de clientèle scolaire justifiant la création d'un centre d'enseignement. A Alger, il est peu probable que l'on enseigne les sciences autrement qu'en France: on n'a pas encore trouvé, que nous sachions, de lois physiques ou chimiques spéciales à l'Algérie. A l'Ecole des Lettres, on n'a pas une méthode algérienne à l'usage des cours de littérature ou de philosophie. Il y a des cours de langues orientales; mais ces cours ne sont pas une propriété exclusive de l'Algérie. A Paris, un ancien algérien a au moins autant d'élèves que ses collègues d'Alger. Il y a, il est vrai, un cours d'égyptologie; mais il nous semble que cette science n'a pas pris son origine et ses racines en Algérie, et qu'à Paris notamment les élêves égyptologues auraient des éléments d'instruction autres que ceux qui se trouvent à Alger.

A l'Ecole de droit, on enseigne à côté des digestes romains les indigestes musulmans. Des professeurs expliquent, commentent et paraphrasent les beautés impénétrables du Coran, le fouillis des textes de Sidi-Khelil, Sidi-Abder-Raman, Benou-Feroun, Ben-Sliman, Ben-Hassen, Si-Mohamed-ben-Snoussi, etc. et les 275 khanouns kabyles.

Quelques esprits superficiels estiment que sans l'unité de législation, les deux races en présence sur le sol algérien, seront toujours séparées, divisées, sinon hostiles. Nos hommes politiques ont fait justice de cette insanité, et ont décidé que la législation musulmane serait pieusement transmise à la postérité de la postérité, *usque ad æternum*. Très bien ! mais cela ne prouve pas qu'Alger seule peut avoir la spécialité de l'éclat des chaires de législation musulmane; ce qui démontre le contraire, c'est que le Sénat a voté ces jours-ci l'enseignement du droit musulman à Paris.

Quant à l'Ecole de médecine, à part quelques légers amendements que nécessitent le milieu et la constitution des habitants, et que les médecins de France connaissent d'ailleurs aussi bien que ceux d'Algérie, car tous les médecins sont continuellement en rapport par leurs communications scientifiques, à part ces amendements, disons-nous, les lois générales de la médecine sont purement et simplement appliquées ici. Les prétendues complexités de la médecine en Algérie ont juste autant de valeur que celles des autres questions algériennes. Et on rattacherait directement, étroitement, intimement l'Ecole de médecine au Gouvernement général, qu'on arriverait pas à en faire sortir une « médecine algérienne ».

Les lignes qui précèdent ne sont pas une digression inutile. Il importait de montrer ce qu'il fallait penser du « fossé profond » car c'est sur la théorie du dit fossé que reposent en grande partie les projets actuels de *détachement*. N'ayant pas à notre disposition des ressources oratoires pour combler le dit fossé, nous avons dû nous contenter d'y jeter quelques arguments, vulgaires nous le reconnaissons, mais qui n'en ont pas moins, à notre avis du moins, une densité non négligeable. (1)

« En France, la forêt est une chose simple, caractérisée par des arbres à haute tige, par des massifs boisés qui se distinguent, au seul aspect, des champs cultivés des alentours, et qui ne sont considérés économiquement qu'à un point de vue, la production du bois.

» En Algérie, on appelle de ce nom non seulement les bois de futaie et de quelque valeur, chênes-lièges, chênes zéens, chênes verts, pins maritimes ou pins d'Alep, mais des terrains vagues, semés de lentisques et de palmiers nains, des maquis broussailleux qui couvrent d'immenses espaces, sans qu'on sache où finit la brousse, où commence la plaine cultivable, de nombreuses et vastes clairières qui constituent de véritables terres de culture. Car, tandis que la forêt du continent n'est habitée que par les gardes qui la surveillent, la forêt du Tell et des hauts plateaux est peuplée : on y vit, on y meurt, on y sème, on y laboure. C'est là que campe, depuis des siècles, une race pauvre et sobre, mi-nomade et mi-pastorale, dont les troupeaux forment la seule richesse, qui vit du lait de ses chèvres ou de ses chamelles, fabrique ses tentes avec leurs poils, tisse les guenilles pittoresques dont elle couvre sa misère avec la laine de ses moutons. Elle y a des douars, des gourbis, des mosquées. C'est dans la forêt que, de temps immémorial, ce peuple de pasteurs, qui se chiffre par centaines de mille et qu'on peut sans exagération évaluer à 800,000 âmes (2), prend le bois qui sert à cuire les aliments, à entretenir de misérables

(1) Nous aurions pu tenter d'exécuter des variations sur le thème bien connu : « la Méditerranée est un lac qui nous réunit ». Mais certainement, nous eussions eu le dessous dans la joute oratoire ; et cela nous eût pris beaucoup trop de temps.

(2) 500,000 âmes au moins selon M. Masqueray.

huttes, à confectionner un primitif araire ; c'est là que se rencontrent les sources d'eau vive ; c'est là que le bétail trouve en été un abri contre la chaleur, en hiver contre le froid, et, en tout temps, le pâturage. C'est là que les tribus du Sud, chassées des hauts plateaux chaque année par le soleil et la sécheresse, remontent avec leurs troupeaux pour échapper à la famine. Telle est l'Algérie, — comme le disait excellemment l'honorable président du Conseil Général de Constantine, M. Bertagna, dans un rapport au Conseil Supérieur, du mois de décembre 1890, — « un pays d'agriculture pastorale et de transhumance ». Elle est ainsi en vertu de la nature des choses, et ce n'est ni le code forestier, ni l'administration parisienne élevée à l'Ecole de Nancy, qui lui ôteront ce caractère.

Nous nous représentons la scène suivante en 1827, à la Chambre des Pairs : les rapports et les enquêtes établissant l'insuffisance des ordonnances de 1669 ont été déposés depuis plusieurs mois ; de nombreuses séances ont déjà été consacrées à la discussion de ces documents ; de cette dicussion il ressort qu'il y a unanimité chez tous les membres de la Chambre pour chercher dans une législation autre que les ordonnances de 1669 le remède à une situation considérée comme pleine de périls ; on ne discute plus que quelques points de détail, mais il n'y a aucun doute sur la question du principe et l'on va voter quand tout à coup une voix s'élève : « Certaines régions de la France sont des pays d'industrie pastorale, etc., etc. ; elles sont ainsi en vertu de la nature des choses ; et ce n'est pas votre Code forestier qui leur ôtera ce caractère. » Nous nous demandons quel accueil on eût fait à ces paroles. L'orateur aurait même assaisonné son apostrophe d'une plaisanterie à l'adresse d'une administration élevée dans un séminaire quelconque, qu'il n'eût probablement obtenu aucun succès. Que les temps sont changés !

Si au Sénat de 1892 on ignore les origines du Code forestier « l'administration forestière, élevée à l'Ecole de Nancy » ne les ignore pas ; et il n'est pas un jeune élève sortant de cette Ecole qui ne soit en état d'apprendre à quelques écrivains éminents ce qu'ils doivent savoir avant de parler forêts et législation forestière.

Les forestiers et tous ceux qui, n'ayant pas la science infuse, se renseignent et s'instruisent avant d'émettre une opinion, savent donc parfaitement que si, en 1827, on avait pas pris de mesures de défense contre les populations pastorales d'alors, il ne resterait plus rien aujourd'hui de ces magnifiques forêts dont nous parle le rapporteur sénatorial ? (1) Quand le Gouvernement se décida à intervenir, on évaluait à vingt millions les hectares détruits par le défrichement et l'industrie pastorale. En laissant ainsi aller les choses, c'est-à-dire en suivant le régime d'abandon dans lequel se trouvent les forêts de l'Algérie, et dans lequel on propose de les laisser, celles de France n'auraient, à l'heure qu'il est, rien à envier aux nôtres ; et le tableau que trace M. J. Ferry de ces dernières ne serait que la reproduction exacte de celui des forêts de la Métropole. (2) Là aussi, on verrait des populations misérables n'ayant qu'un primitif araire ; abritées sous de pauvres huttes ; réduites même à tisser « des guenilles pittoresques » comme cela se passe, paraît-il, en Algérie ; vivant au jour le jour des produits de la forêt et empiétant sans cesse sur elle, au fur et à mesure qu'ils feraient le vide derrière eux. Si la question se posait alors pour la France, quelqu'un viendrait-il dire qu'il faut respecter de pareilles habitudes par ce qu'elles remontent « à un temps immémorial » ? Alors, puisqu'il serait absurde de tenir un pareil langage

---

(1) Nous nous apercevons que nous nous sommes trompé quand, plus haut, nous avons rangé M. J. Ferry parmi ceux qui assignent à la forêt un rôle d'utilité publique. Pour l'honorable sénateur, les arbres ne doivent être considérés écomiquement qu'à un seul point de vue, la production du bois. Nous présentons nos excuses à la mémoire de M. J. Ferry.

(2) Moins les mosquées toutefois. On ne se figure pas au Palais du Luxembourg le nombre considérable de mosquées que l'on rencontre sur le domaine forestier de l'Algérie. Cette ignorance est imputable, cela va sans-dire, à l'insuffisance de la législation forestière. Cette législation n'ayant ni mentionné, ni prévu, ni soupçonné l'existence des mosquées sur les périmètres forestiers, le service régulier mais scrupuleux, a jugé qu'elles ne devaient pas figurer dans les sommiers. De là l'ignorance profonde du public à cet égard ; de là, la découverte de M. J. Ferry.

Même observation pour les sources d'eau vive.

s'il s'agissait de la France, pourquoi dans des conditions identiques, ne serait-il pas de mise ce langage, par ce que c'est l'Algérie qui est en cause ? Ajoutons qu'en 1669 et en 1827, les pasteurs excipaient aussi de leurs droits imprescriptibles, qui remontaient « dans la nuit des temps », qui remontaient à l'époque où quarante millions d'hectares recouvraient la Gaule. Le législateur ne s'est cependant pas laissé attendrir; devant l'imminence du danger, il n'a pas hésité à prendre la défense de la collectivité si gravement menacée. Ce que l'on a pas voulu faire pour des Français, le Sénat est tout près à y consentir de grand cœur du moment qu'il s'agit du peuple conquis ; seulement dans son ardeur à trancher la question, il ne s'aperçoit pas que sa touchante sollicitude aboutira d'abord à la ruine, à la disparition ensuite des indigènes.

En effet, d'où provient l'état de dessication actuelle de l'Algérie? D'autres autorités que M. Bertagna, et dont on trouvera les noms et l'opinion dans les citations qui précèdent ce travail, ont affirmé et affirment que c'est le déboisement. Quelle est la cause du déboisement ? D'après ces autorités, ce sont les abus des droits d'usage, notamment le pâturage et tes incendies, le pâturage plus encore que l'incendie. Donc, si la logique existe encore, les errements des temps passés ne feront qu'accentuer la situation. Et il arrivera même que les protégés de MM. les Sénateurs et de M. Bertagna, après avoir fait du Tell ce qu'ils ont fait des Hauts-Plateaux, c'est-à-dire après l'avoir transformé en désert, mourront de faim, eux et leurs troupeaux, à moins que les philanthropes sénatoriaux de ce moment ne votent une cinquantaine de millions pour transporter en France tous ces pauvres diables. Naturellement, afin qu'ils puissent conserver leurs habitudes pastorales, on leur livrera les forêts de la Métropole, après avoir brûlé le Code forestier devant la porte du Sénat.

Puisque c'est surtout l'indigène qui préoccupe nos hommes d'Etat, qu'il nous soit permis de risquer très timidement une autre observation. Sur une population de près de 4,000,000 d'indigènes, il y en a 800,000 au nom desquels la Commission sénatoriale exige le sac de nos forêts. Sont-ils bien 800,000? Une note en renvoi indique, dans le rapport, que M. Masqueray diminue cette évaluation de 300,000, réduction sensible comme on voit. (Pourquoi donner un aussi gros coup de pouce à la balance? Toujours l'idée fixe!)

Bien que le chiffre de M. Masqueray nous paraisse trop élevé (Letourneux nous a affirmé bien souvent qu'il ne dépassait pas 300,000) nous l'admettons. Eh bien! sur une population indigène de 4,000,000 d'habitants, il y en a 500,000, soit le huitième, qui entendent vivre aux dépens des forêts; pourquoi aussitôt déférer à leurs désirs? Aux sept autres huitièmes on semble ne pas penser. Pour quelles raisons seraient-ils immolés à leurs coreligionnaires, qui s'empresseraient de faire le désert autour de leurs voisins d'abord, et jusque chez ces derniers? Est-ce parce qu'ils travaillent la terre, avec une âpreté qui arrache l'admiration, tels les kabyles? Nos législateurs, nous en sommes convaincu, par pitié pour ceux qui travaillent, qui ne demandent qu'à être protégés pour travailler, reviendront sur leurs projets, car ils ne voudront pas ou sacrifier 3,500,000 individus à 500,000, ou obliger les premiers à suivre l'exemple des seconds, auquel cas l'Algérie n'aurait plus guère qu'une vingtaine d'années à attendre pour devenir « le prolongement du Sahara ».

Nous faisons des vœux pour que la pitié l'emporte, car si les indigènes échappent à la ruine, les Français, par contre-coup, ne seront pas mis dans la nécessité de quitter l'Algérie. Le peuple conquérant devra son salut au peuple conquis; tel sera le curieux exemple que l'histoire aura pour la première fois à enregistrer!

Puisque nous sommes amené à parler du colon, lequel en est réduit à ne plus attendre aujourd'hui le salut que du vent bienfaisant qui souffle du côté de l'Islam, imaginons que des délégués des colons viennent trouver la Commission sénatoriale et lui tiennent ce langage: « Nous sommes fatigués de manier la pioche et la charrue. Nous travaillons comme des forçats et nous ne récoltons que des dettes. Toutes réflexions faites, nous déclarons adopter le régime pastoral, qui est bien moins fatiguant. Nous vous prions, en conséquence, de vouloir bien nous traiter sur le même pied que les arabes, c'est-à-dire de mettre à notre disposition les forêts de l'Etat, en attendant que nous exploitions celles des particuliers, ce que nous ferons quand nous aurons épuisé les premières. » Que leur répond la Commission ? Elle leur répond qu'ils ne peuvent exciper de l'immémorialité de leurs prétentions, et les congédie vivement en les engageant à ne plus marcher une autre fois sur les brisées des pasteurs indigènes.

Mais laissons le domaine de la fantaisie; revenons à notre sujet.

Nous venons de voir que la forêt doit être en quelque sorte abandonnée aux indigènes, d'abord par ce qu'ils en ont besoin pour exercer leur industrie pastorale, ensuite par ce que leurs droits d'en user et d'en abuser remonte aux temps préhistoriques. La Commission a encore deux autres raisons à donner. La première est que la forêt en Algérie diffère essentiellement de celle de la Métropole, attendu qu'elle est habitée tandis que la seconde n'a que les gardes pour habitants. Donc, il faut que la forêt algérienne continue à être habitée. Si nous n'avions le texte sous les yeux, nous pourrions croire à une facétie; mais il est là, ce texte; il n'a subi aucune correction dans ses nombreuses éditions successives.

Comment! le rapporteur reconnaît que l'arabe se déplace à tous moments avec sa tente; c'est-à-dire que lorsque celui-ci a épuisé la forêt autant qu'il a pu, il va recommencer plus loin son œuvre de destruction. Et c'est pour cela, sans doute, que la Commission recommande ce procédé d'aménagement des forêts. En résumé, on a purgé en France la forêt de tous les habitants, et on s'en est bien trouvé. Mais ce qui a été excellent là-bas ne peut être que déplorable ici.

Attendons nous à voir recommander, dans le

premier congrès de pompiers, l'accumulation des matières inflammables dans les immeubles algériens et proscrire absolument d'enlever ces matières au premier signe d'incendie.

La seconde raison a été empruntée à une autorité des plus considérables de l'Algérie, à M. Bertagna, bien connu depuis son rapport sur les chênes-liège lu au Conseil supérieur : « L'Algérie est un pays d'industrie pastorale et de transhumance ». Tel est l'axiome sur lequel s'appuie la thèse de l'honorable Conseiller supérieur. C'est en agitant cette vérité, cette immense découverte due à M. Bertagna et acclamée par la Commission sénatoriale, que triomphe M. le rapporteur. Puisqu'il en est ainsi, puisque les 12.000.000 d'hectares du Tell ne sont bons qu'à l'industrie pastorale, nous demandons que l'on traduise devant la Haute Cour tous ceux, aussi bien les élus que les fonctionnaires, qui ont sciemment trompé la France et lui ont extorqué des sommes considérables en vue de rendre à l'agriculture de l'Algérie sa splendeur d'autrefois. Il faut être impitoyable pour tous ces misérables ; M. Bertagna sera chargé de couper les têtes.

« Le Code forestier y est inapplicable. Il s'y trouve promulgué, d'après une jurisprudence trop complaisante de la Cour de Cassation, avec le bloc de toutes les lois métropolitaines antérieures à 1834 ; mais il tranche, par ses dispositions fondamentales, au milieu des hommes et des choses d'Algérie, comme un énorme et criant contresens. Que devient, par exemple, cet article 78 qui défend solennellement à tous usagers, nonobstant tous titres et possessions contraires, de conduire ou faire conduire des chèvres, brebis ou moutons dans les forêts ou sur les terrains qui en dépendent, à peine d'amendes énormes et d'emprisonnement ? Il a fallu, bon gré mal gré, faire du pacage des moutons que le paragraphe 3 de l'article 78 considère comme un fait exceptionnel, autorisé seulement, dans certaines limites, par des décrets du Président de la République, la règle générale de tout le territoire, et encore faut-il noter que cette concession intelligente et nécessaire est fort antérieure aux derniers décrets de rattachement. »

Il ne nous déplait pas de voir la Cour de Cassation recevoir, elle aussi, sa part de semonce sénatoriale. M. Girerd, les assimilateurs quand même, les députés algériens, la Commission des rattachements, l'administration, le service forestier, les auteurs du Code forestier, l'Ecole de Nancy, tout ce monde là a été, comme ont l'a vu, fortement réprimandé et houspillé par le grand chef de la tribu des Dix-Huit. Il manquait la Cour de Cassation à cette compagnie. Elle en fait partie maintenant, qu'Allah soit loué! Elle s'est tirée à bon compte, il est vrai, de sa comparution devant le Tribunal. Bien qu'il soit dur pour la magistrature suprême de s'entendre taxer de « complaisance », nous pensons cependant qu'elle doit s'estimer très heureuse de n'avoir pas été traitée aussi cavalièrement que ses complices en spoliation des indigènes.

Quoi qu'il en soit, le Code forestier, bien qu'inapplicable, est appliqué. Seulement, nous ne nous entendons plus; tout à l'heure, ce Code horrible était appliqué, nous disait le rapport, d'une manière inflexible — plus loin, ce sera: implacable — et voici que maintenant l'article 78 est adouci, atténué de telle façon qu'il est méconnaissable. Le rapporteur se hâte d'ajouter, il est vrai, que cette « concession intelligente » n'est pas du tout due aux forestiers. Il ne nous dit pas non plus, toutefois, à qui elle est due; il nous fait seulement connaître qu'elle est antérieure aux derniers décrets des rattachements. Soit! Que prouverait la chose? A-t-on jamais soutenu que rien de bien n'ait été fait avant 1881? Nous n'apercevons pas bien le pourquoi de cette remarque, qui peut-être avait des intentions insidieuses.

Nous aurions compris que l'on s'en prît à cet odieux régime de 1881, si celui-ci avait aboli la mesure prise précédemment; mais point du tout, il l'a conservée comme tout ce qui a été fait de bon avant son arrivée. Alors, que lui reproche-t-on? Vraiment, c'est vouloir pousser trop loin le jeu qui consiste à chercher la petite bête.

L'effet qu'on attendait des révélations sur l'application de l'article 78 est donc manqué, puisque le rapporteur a tout simplement montré lui-même que l'on a, depuis longtemps, apporté une grande tolérance et de grands tempéraments à cette application. Où est cette façon « inflexible, implacable » d'exécuter la loi ? Que devient « cette règle qui n'est ni bienveillante, ni malveillante, mais technique et impossible » ? Nous n'avons pas besoin d'insister sur ces contradictions flagrantes du rapport.

« Que dire des articles 67, 68, 69, 70, 71, 73, 75, dont l'application a été, par contre, expressément maintenue ? Comment définir et signifier *aux intéressés*, avant le 1er mars de chaque année, sur cette immense étendue de 2 millions d'hectares, le nombre et les limites des cantons défendables ? Comment compter les têtes admises au pâturage (art. 68 et 69) ? Comment défendre aux usagers d'y faire paître les moutons qu'ils élèvent en vue de la vente (art. 70) ? Leur prescrire les chemins par lesquels les bestiaux devront aller au pâturage et en revenir, alors qu'il n'existe pas de chemins dans les forêts (art. 71) ? Comment obliger les Arabes à n'avoir que des pâtres communs choisis par l'autorité municipale, alors que, vivant uniquement d'élevage, chacun est le pâtre de son propre troupeau (art. 72) ? Et l'obligation de marquer les porcs et bestiaux admis au pâturage d'une marque différente pour chaque commune ou section de commune (art. 73), marque dont l'usager doit déposer l'empreinte au greffe du tribunal et le fer chez l'agent forestier (art. 74), et les clochettes qui doivent porter au cou, sous peine d'amende, les bêtes tolérés (art. 75), etc. ? On ne sait s'il faut sourire ou s'attrister devant cette profusion de précautions impraticables. »

Le rapport énumère les mesures que réclame le code forestier pour l'introduction des bêtes en forêt. Ce défilé d'articles est parfaitement conçu, et nous ne doutons pas que cette exhibition très artistement présentée n'ait eu un grand succès dans le monde littéraire. Mais nous croyons que les personnes, qui, dans un document parlementaire, cherchent autre chose que de la littérature trouveront tout naturel que pour préserver un bien, qui prête le flanc par tant de côtés à la fois « aux avidités, aux imprévoyances, aux misères » conjurées, on entoure ce bien de toutes les précautions possibles et imaginables. Et si le collaborateur de M. J. Ferry, qui a cru faire une grande trouvaille en découvrant les articles qu'il signale à l'indignation publique, avait pris la peine de lire la discussion du Code forestier au Parlement en 1827, il aurait compris l'utilité de « cette profusion de précautions » ; et ne trouverait pas extraordinaire que l'on applique à des sujets français des mesures que l'on a appliquées impitoyablement pendant très longtemps à des citoyens français.

Au surplus, M. Ferry ne devait pas ignorer, quand il a écrit son rapport, comment les choses se passent dans la pratique. Il savait fort bien que les gardes-forestiers sont ici dans l'impossibilité absolue de faire exécuter même approximativement, les articles en question ? Alors, pourquoi ce tapage ?

« Mais voici qui touche à l'odieux : non seulement le pâturage est pour l'habitant des forêts une des formes du droit de vivre, mais la culture primitive à laquelle il se livre, et qui lui fournit un peu d'orge et de blé, c'est dans les portions dénudées du sol forestier, dans les enclaves et les clairières qu'il l'exerce, et il ne peut l'exercer ailleurs. Il n'est pas de plus noir méfait aux yeux de l'administration forestière. Mais que faire? Le Code forestier n'a pas prévu le délit de culture, personne en France n'ayant la fantaisie de labourer sous bois. Mais il existe dans le Code un article 144 qui punit de peines sévères « l'extraction non autorisée de pierres, sable, minerai, terre ou gazon, tourbe, bruyères, genêts, herbages.... existant sur le sol des forêts. » Avec la permission de la Cour suprême, le labourage sera traité comme un fait d'extraction ; l'indigène sera puni pour avoir remué la terre comme s'il l'avait enlevée, à tant par charretée au tombereau et par bête de somme. Le compte est facile à faire : un labourage à 5 centimètres de profondeur, — ce qui mène pour la charrue arabe, est un minimum, — équivaut, pour une superficie d'un are, à une extraction idéale de 5 mètres cubes. C'est la charge de dix bêtes de somme ; l'amende sera de 5 à 15 francs par bête de somme : 50 à 150 francs d'amende par are, 5,000 francs par hectare au moins, sans compter les frais, dans un pays où l'hectare de terre vaut en moyenne 200 francs. »

M. J. Ferry a le soin de nous prévenir qu'il va révéler des choses... des choses qui touchent à l'odieux.

Des indigènes défrichent un terrain qui ne leur appartient pas, qui appartient à l'Etat. Celui-ci cherche à se défendre comme le ferait tout autre propriétaire; mais le Code n'a pas prévu ce délit. Donc, d'après la Commission, il n'y a rien à faire; il faut laisser à leur aise les indigènes défricher tout ce que bon leur semblera.

Evidemment, la Commission n'ira pas jusqu'à avouer qu'elle a eu pareille pensée; et elle se rejettera sur le calcul à l'aide duquel on a représenté tous les indigènes défricheurs comme condamnés à raison de 5,000 francs par hectare défriché. Naturellement, on s'est bien gardé de dire combien il y a eu de ces condamnations à 5,000 fr., et combien de ces 5,000 francs ont été encaissés.

Nous ne dirons pas que nous approuvons entièrement le détour employé par la Cour de cassation — il ne faut pas oublier que c'est la Cour suprême, et non l'administration forestière, qui a eu recours à cet expédient. — Mais enfin ! il fallait bien aviser; il fallait bien couper court à ce genre de dévastation non prévu dans le Code ! (1)

Il y avait un moyen extrêmement simple, entièrement à la portée de nos législateurs, de mettre fin au défaut que présentait la loi : c'était de voter immédiatement un amendement au Code forestier, amendement qui eût permis de punir les défrichements.

Le législateur, malgré l'invitation qui lui en a été faite à plusieurs reprises, a préféré s'abstenir et s'en référer à la Cour de Cassation. En 1885, sortant enfin de sa torpeur, il a voté une loi qui permettait d'affranchir les forêts des enclaves occupées par les indigènes; seulement, il n'a oublié qu'une chose : c'était de donner à l'administration les crédits nécessaires pour indemniser les expropriés. Les indigènes sont restés dans leurs enclaves et ont continué à les agrandir chaque année aux dépens des forêts.

(1) Détail important, ignoré probablement au Sénat : l'arrêt de la Cour de cassation a été pris non pas à la suite de faits survenus en Algérie, mais à la suite de faits survenus en Corse.

En somme si, dans tout cela, il y a quelque chose d'odieux, c'est la conduite de l'autorité supérieure et des représentants auxquels il était si facile, à l'une de proposer, aux autres de voter ou une pénalité plus juste et plus équitable ou les crédits que réclamait l'exécution de la loi de 1885.

Ce point vidé, il est un membre de phrase du paragraphe qui doit nous arrêter :

« Le pâturage est pour l'habitant des forêts une des formes du droit de vivre... » dit M. J. Ferry ; et au nom de ce droit, on ne peut refuser à l'indigène de disposer des forêts à sa guise.

S'il y a, en Algérie, une banalité qut court les rues, c'est que le pâturage a fait plus de mal aux forêts que les incendies. Dans les citations placées en tête de ces pages, on trouvera cette opinion fréquemment répétée. Il nous suffira ici d'ajouter à ces citations les lignes suivantes empruntées à l'éminent économiste, Leroy-Beaulieu :

« Quant aux 1,261,000 hectares de bois ou forêts, nous sommes d'avis que le domaine, sauf des cas exceptionnels, ne saurait les soustraire à leur affectation ; qu'il doit, au contraire, les améliorer et les repeupler. L'intérêt climatérique l'exige. Nous verrions avec grande inquiétude qu'il concédât, même sous prétexte d'humanité, des droits de pâture compromettant l'avenir des forêts. »

Comme on ne manquera pas d'objecter qu'il s'agit là d'opinions préconçues, attendu qu'elles émanent d'algériens ou de personnes qui se sont laissé circonvenir par les spoliateurs des indigènes, nous nous adresserons à d'autres autorités :

« Ces droits d'usage forment, pour la propriété de l'Etat comme pour la propriété privée, le plus redoutable des dangers et la source la plus féconde de dommages et d'abus.... En matière de pâturage, il n'admet pas le cantonnement, parce que le cantonnement ne pourrait qu'être préjudiciable à l'usager...

» Préserver les forêts de l'Etat des usurpations et des fraudes, les défendre, autant que la justice le permet, contre les abus de la dévorante servitude des usages... tels devront être les résultats de la loi...

» Tous ceux qui s'occupent de la culture des bois et qui prennent quelque intérêt à la conservation de ces riches et précieuses productions de la nature, savent quelle source de dommages, quelle cause sans cesse renaissante de dégradation et de destruction, elles trouvent dans l'exercice des droits d'usage, et particulièrement *des droits de pâturage*.

» C'est un fléau contre lequel tous les efforts, toutes les combinaisons de la surveillance ont été jusqu'à ce jour impuissants, parce que s'il est certain que l'abus aggrave beaucoup le mal, il est incontestable que le mal existe dans l'usage même et indépendamment de l'abus. » — de Martignac, 11 avril 1827.

De son côté, M. le Comte Rey s'exprime ainsi sur le même sujet :

« Le pâturage est le plus grand fléau des bois ; il en amène nécessairement la destruction dans un temps plus ou moins éloigné, puisqu'en épargnant les vieilles souches qui périssent chaque jour, les bestiaux détruisent par le pied ou par la dent, le jeune plant qui vient de semences et qui est destiné à le remplacer... On peut même dire qu'il n'y a pas d'âge où les bois soient exempts de ces graves inconvénients, qui sont pourtant moindres dans les grands taillis que dans ceux qui sont jeunes et faibles. »

Et il cite Duhamel : « Pour s'en convaincre, il suffit de comparer l'état d'un bois où le pâturage est interdit avec celui d'un bois où il est admis ; ou si l'on veut avoir un exemple encore plus frappant, de comparer l'état d'un bois avant son ouverture au pâturage avec celui qu'il présente après quelques temps de parcours. »

Et il ajoute : « M. de Perthis, la plus grande autorité qu'on puisse citer en matière forestière, estime, en appelant de tous ses vœux la suppression du pâturage, que les six millions d'hectares qu'il suppose exister en France sont les restes de plus de quarante millions d'hectares qu'elle possédait il y a deux mille ans ; et il est persuadé que de tous les bois détruits en France, la main de l'homme n'en a pas détruit la vingt-cinquième partie, *et que le surplus l'a été par les animaux broutants.* »

A l'opinion de ces hommes politiques, que l'on pourrait repousser sous prétexte qu'elle est trop... ancienne, nous nous permettrons d'ajouter celle de M. Burdeau :

« Les arabes semblent avoir sacrifié les forêts à leurs troupeaux ; un explorateur d'avant 1830, le capitaine Pélissier, constatait que l'exercice du droit de vaine pâture réduisait la plupart des bois à l'état de broussailles et de taillis. Les choses n'ont pas notablement changé depuis lors, et le voyageurs est trop souvent surpris d'apprendre qu'une région à peine couverte de broussailles constitue une forêt. Il en conclut et les colons aussi parfois concluent, que ces prétendues forêts devraient être déclassées et livrées au défrichement. On devrait plutôt conclure qu'il faut les reboiser d'abord *et les mieux défendre ensuite.* » (1)

Qu'il nous soit permis de croire que l'on voudra bien tenir compte d'opinions aussi fermes, aussi précises, et en conclure qu'au-dessus de l'intérêt immédiat d'une population pastorale, il y a l'intérêt général, il y a l'avenir de la colonisation.

D'ailleurs, nous ne nous expliquons guère cette insistance à propos du pacage en forêt. On se demande où sont donc ces pâturages sous bois dont il est tant question. Evidemment, il s'agit de faire manger la broussaille des forêts par les troupeaux, car les pâturages sous bois n'ont jamais existé que dans l'imagination de quelques personnes. Un journal agricole s'exprime ainsi à ce sujet :

« Malgré les réglementations les plus sévères, toute forêt en Algérie ouverte aux troupeaux européens ou indigènes est d'avance condamnée et disparaîtra dans un temps plus ou moins éloigné.

(1) « Le climat, le régime des eaux, l'avenir de l'agriculture sont liés au maintien, à la reconstitution des forêts algériennes. » — BURDEAU.
Nous nous apercevons seulement maintenant que nous avons omis de faire figurer cette citation de M. Burdeau dans notre préambule. Nous nous empressons de réparer cette omission.

» En effet, le bétail ne se contentera jamais de tondre *la maigre herbe* qui pousse sous les buissons forestiers, mais s'attaquera fréquemment aux buissons eux-mêmes et y causera des dégâts incalculables A ces dévastateurs viendront se joindre les bergers qui, par désœuvrement ou pour tout autre cause, casseront des branches, arracheront des feuilles, quand dans certains cas, par négligence ou désœuvrement presque toujours, ils ne causeront pas un incendie dans le massif ouvert à un troupeau dont ils ont la garde. On répondra à cela que la répression s'exercera aussitôt efficace et sévère. Nous en doutons pour notre part, surtout relativement aux dégâts matériels. Comment voulez-vous admettre, en effet, que dans une forêt où se trouvent vingt ou trente troupeaux qui vont et viennent, un garde puisse affirmer que tel dégât, qu'il vient de relever, a été causé par X ou par Y. ? »

Tel sera, en effet, le résultat. Parce qu'on ne veut pas accorder les crédits indispensables pour nettoyer les forêts, pour les débarrasser des broussailles qui constituent le plus grand danger, soit au point de vue des origines, soit surtout au point de vue de l'extension des incendies, on est obligé d'avoir recours à la dent du bétail pour remplir cette besogne, c'est-à-dire qu'en vue de supprimer le danger on ne fait que l'augmenter.

Il ne s'agit pas ici, est-il besoin de le dire, d'une proscription absolue :

« M. J. Ferry voudrait persuader à ses lecteurs que l'administration forestière est incapable de concilier le régime pastoral avec le régime forestier. Il ignore donc que la plupart de nos forêts, aussi bien en France qu'en Algérie, sont parcourues par un nombre immense de têtes de bétail ; que tous les cantons boisés réellement défensables, c'est-à-dire suffisamment âgés pour n'avoir pas à souffrir de la dent du bétail, sont ouverts, chaque année, au pâturage, et que les dispositions du code forestier sont suffisamment larges pour qu'il soit possible, dans certaines circonstances et dans certaines régions, de permettre l'introduction de moutons en forêt. » — *Moniteur universel.*

Monsieur Viger, dont on invoquera le nom tout à l'heure, fait justice des reproches adressés aux forestiers à propos des paturages, « Les forêts, dit-il, sont ouvertes à tous les troupeaux dans la limite extrême conciliable avec les droits des usagers et la conservation de cette partie de la fortune publique. La récolte des mousses, des herbes dans les taillis, des feuilles sèches et des jeunes brindilles a été autorisée ; et si quelques cantons de futaie sont réservés, c'est afin de ménager les peuplements qui se font à leur abri et de ne pas compromettre l'avenir du domaine forestier pour un bénéfice passager et en somme de peu d'importance. »

Voilà ce qu'a dit M. Viger. On ne lui en prêtera pas moins, on le verra plus loin, une attitude hostile au service des forêts à propos des pâturages.

En définitive, au lieu de chercher si loin, et dans des conditions si désastreuses pour l'intérêt général, il serait plus sage de mettre l'indigène à même de se créer des pâturages et de les entretenir. Et pour cela, il n'y aurait qu'à les inciter à rétablir leurs anciens petits barrages sur ravins, et au besoin à les encourager à l'aide de primes ou de dégrèvements d'impôts.

« Un seul exemple encore, pour en finir, car il y faudrait tout un volume :

« L'article 152 du Code forestier défend d'établir sans autorisation, et « sous quelque prétexte que ce soit, aucune mai- » son sur perches, loge, baraque ou hangar dans l'enceinte et » à moins d'un kilomètre des bois et forêts. » Cet article a trait essentiellement à la forêt limitée, à la forêt inhabitée ; il pourchasse ces installations suspectes et provisoires, si difficiles à surveiller et qui ne peuvent guère être que des repaires de braconnage. On l'applique en Algérie aux gourbis et aux tentes. Il a fallu le torturer et réduire à 200 mètres, par pure et illégale tolérance, la zone de protection. Mais la tente de l'Arabe n'est point à demeure fixe; le douar se déplace périodiquement, fumant ses terres à tour de rôle par le déplacement des troupeaux. Et la forêt, qui se perd dans la broussaille, n'a ni limites naturelles, ni bornages. La zone est perpétuellement en danger d'être franchie, non par un délinquant qui saccage les futaies, mais par un fellah qui cherche à vivre du maigre tribut des sous-bois. Il y a délit, le garde verbalise ; si le douar compte dix tentes, ce qui est bien peu, l'amende sera de 500 francs.

» C'est ainsi que l'indigène forestier, qu'il le sache ou non, et le plus souvent sans le savoir, est toujours en état de délit. Comme le juste il pèche au moins sept fois par jour. Existe-t-il pour l'être faible une plus dure oppression que celle qu'il ne comprend pas ? Le séquestre, la responsabilité collective sont pour l'Arabe des régions forestières de terribles châtiments; ils lui font cruellement sentir la lourde main du conquérant ; ces mesures ont surtout le tort grave de se liquider avec une déraisonnable lenteur et de faire éternellement peser sur les générations qui se succèdent les conséquences d'une insurrection qui date déjà de plus de vingt ans. Mais, du moins, l'Arabe sait ce que cela veut dire et son esprit simpliste remonte aisément de l'effet à la cause. Mais le Code forestier, que peut-il dire à ces âmes primitives ? Que peuvent-ils entendre à cette guerre perpétuelle, faite à toutes les habitudes, à toutes les coutumes, à tous les droits séculaires qui les font vivre ? Comment entrerait-il dans leur esprit ce qui pénètre si difficilement dans le nôtre : qu'un gouvernement d'hommes justes, sensés, civilisés, ait conçu la pensée *d'assimiler* 800,000 Arabes à coups de procès-verbaux ! »

Le rapporteur de la Commission reconnaît qu'avec raison le code forestier pourchasse en France « ces installations suspectes et provisoires, si difficiles à surveiller et qui ne peuvent guère être que des repaires de braconniers. » Il paraît qu'en Algérie le gourbi et la tente de l'arabe ne présentent aucun de ces inconvénients, et que rien ne profite plus à la forêt que cette migration du douar, qui « se déplace périodiquement, fumant ses terres à tour de rôle par le déplacement de ses troupeaux. »

Il faut que nous soyons en quelque sorte accoutumé à entendre de pareilles monstruosités pour garder notre sang-froid. Depuis quatorze ans, en effet, que nous nous occupons, chaque jour pour ainsi dire, de la question forestière, nous avons vu et entendu de telles énormités que nous sommes cuirassé. Dans les premiers temps, la plume nous tombait des mains et nous nous refusions à y répondre ; mais aujourd'hui nous prenons la peine de les réfuter. On viendrait dire que plus un pays est déboisé, plus son climat est régulier, plus l'agriculture a de chances de prospérer ; que l'idéal pour l'Algérie serait d'être un Sahara, nous croirions ne pas devoir garder le silence. Ainsi sont les temps !

Pour quiconque sait ce qu'est une agglomération de tentes, il n'est pas douteux que c'est le voisinage le plus dangereux qui puisse exister pour une forêt. Et alors qu'on aurait dû proposer d'augmenter la distance permise en France pour les maisons, loges, baraques ou hangars, voici qu'on nous propose de pousser la tolérance vis-à-vis des tentes jusqu'à les laisser installer en pleine forêt ! N'est-ce-pas dépasser les limites les plus extrêmes de l'inconséquence ?

Mais, nous le répétons, tout est étrange dans le rapport. Ainsi, l'Administration a eu la pensée de réduire la zone de protection ; croit-on que la Commission lui en sait gré ? Pas le moins du monde ! Elle est accusée d'avoir « torturé » le texte de la loi; tel est le remerciement.

Pour notre part, nous estimons qu'elle a fait preuve d'une grande faiblesse, car le voisinage des tentes indigènes est le danger le plus considérable auquel soient exposées les forêts ; et dans les réformes prochaines c'est la première qu'il faudra introduire, car nous espérons bien, puisque la question est entamée, qu'on ne l'abandonnera plus, et que l'on ne se bornera pas à dire que le code forestier n'est applicable qu'aux forêts inhabitées ; que celles de l'Algérie étant habitées, il y a lieu, par conséquent, de mettre au rancart la loi commune.

Quant aux bornages ils sont à peu près terminés partout, et si l'on avait voulu voter des crédits suffisants, il y a longtemps que cette opération serait terminée.

Les forêts de l'Algérie ne sont que des broussailles et on ne sait où elles finissent et où elles commencent, dit le rapport. A cette objection, nous avons à répondre ceci : Il suffira d'attendre encore une vingtaine d'années pour qu'avec le régime actuel, toutes les forêts de l'Algérie ne soient plus que des broussailles, les huit dixièmes des terrains broussailleux étant d'anciennes forêts que l'abus des droits d'usage et l'incendie ont réduites à cet état. Viendra-t-on proposer, à ce moment, de supprimer complètement le code forestier et l'administration forestière, sous prétexte qu'il n'y aura plus partout que des broussailles ?

En temps ordinaire, on conclurait qu'il y a lieu de supprimer les causes qui ont amené une aussi triste situation. Mais il ne saurait plus être question de logique aujourd'hui ! En vain, avons-nous montré par des exemples probants qu'il suffirait de protéger ces terrains broussailleux pour les transformer en forêts ; rien n'y a fait. Là où est l'obsession, la logique perd ses droits.

Que si on n'attache aucune importance à nos appréciations personnelles, on voudra bien alors prêter quelque attention à l'opinion de M. Burdeau, que nous avons citée plus haut « On devrait plutôt conclure qu'il faut les (les régions à broussailles) reboiser d'abord et les mieux défendre ensuite. »

Et puis, quelle que soit la nature des terrains, l'indigène a-t-il le droit de s'y installer sous prétexte qu'ils appartiennent à l'Etat ? Attendons-nous alors à voir des tribus planter leurs tentes sur les zones des fortifications des villes. Du moment qu'il faut à tout prix donner satisfaction aux convenances des indigènes, nous ne voyons pas pourquoi on s'y opposerait ; et quand les procès-verbaux pleuvront dru sur leurs épaules, une voix indignée s'élèvera pour conspuer le génie militaire, qui empêche le « fellah de vivre du maigre tribut » des talus.

L'indigène forestier est donc la plus malheureuse des victimes, et les tortionnaires de l'antiquité étaient de doux agneaux à côté des gardes forestiers. Et, chose singulière ! cet indigène ignore, mais ignore absolument pourquoi on le frappe. Il ne s'en doute même pas. A son dixième, à son vingtième, à son centième procès-verbal, il ne cherche même pas à se renseigner; et il reste persuadé ou que c'est Allah qui le veut ainsi ou que c'est le garde forestier qui lui veut du mal.

Nos hommes d'Etat, qui poursuivent cependant l'assimilation de l'indigène, ont une bien piètre idée de l'intelligence de leurs protégés. Il faudrait, en effet, descendre bien bas dans la série animale pour rencontrer des êtres qui ne comprendraient le pourquoi des multiples corrections qui leur sont infligées. Nous avons, pour notre part, une meilleure opinion de l'arabe; et nous affirmons qu'il se rend parfaitement compte des délits qu'il commet. Seulement, il espère toujours éviter le moment psychologique. Quand viendra le moment de payer, il fera intercéder, obtiendra des délais. S'il ne réussit pas, il disparaîtra ou fera disparaître ce qu'on aurait pu lui saisir, ou bien il ira en forêt faire une râfle de bois, dont le prix servira à désintéresser le fisc. Enfin, comme ils savent très bien compter, beaucoup de ces pasteurs supputent que ce qu'ils versent sous forme d'amendes est encore moins élevé qu'une location; tout compte fait, ils sont en bénéfices, ce qui ne les empêche pas de geindre à tout venant dans l'espoir d'augmenter encore le boni. C'est le même raisonnement que celui qu'ils tiennent pour les incendies forestiers.

L'indigène, qu'on en soit bien persuadé, saisit très bien la raison de cette « dure oppression » dont parle le rapport, et « l'être faible » de M. J. Ferry en remontrerait aux plus malins et aux plus roués roumis.

Nous aurions compris l'apitoiement de MM. les Sénateurs, s'ils s'étaient élevés contre la responsabilité collective et le séquestre en matière d'incendies forestiers. Il paraît qu'ils jugent excellente cette répression, puisqu'ils n'y font pas la moindre allusion.

Punir, comme un simple citoyen français, un indigène pris en flagrant délit de violation de la loi, ils ne peuvent le tolérer, ils ne le tolèreront pas plus longtemps. Mais englober toute une population sur de simples indices, et le plus souvent parce qu'elle n'a pas voulu prendre part à une lutte inutile, dans presque tous les cas, dans un incendie de forêts, appliquer à cette population l'amende collective et le séquestre, remettre l'application de cette mesure extrême entre les mains d'un fonctionnaire, tout cela est on ne peut plus rationnel, logique et équitable. Explique qui pourra ce mélange d'attendrissement et de férocité, cette répulsion pour le droit commun et cet engouement pour les mesures d'exception ; nous y renonçons pour notre part.

On ne peut guère invoquer un oubli de la part de M. J. Ferry ; il a bien su rappeler la responsabilité collective qui a été imposée en matière de faits insurrectionnels ; la transition était donc toute trouvée pour faire connaître son opinion sur la responsabilité collective en matière d'incendies forestiers. Il a préféré s'en prendre de nouveau au Code forestier, à cet horrible engin d'où nous vient tout le mal.

S'il y a cependant un code à la portée de tout « esprit simpliste » c'est assurément le Code forestier. Sévère, il l'est et le doit être ; mais il a une qualité que l'on voudrait voir dans toutes nos procédures : il est expéditif. On a, avec juste raison, reproché à ceux qui ont voulu appliquer nos lois au peuple conquis, de n'avoir pas su les dépouiller des horribles et coûteuses lenteurs de la procédure ; et lorsqu'on a une législation qui va droit au but et permet même, séance tenante pour ainsi dire, de régler l'affaire, on épuise sur elle les injures, les sarcasmes et les plaisanteries. A la vérité, ce n'est pas tant la loi qui est visée que les fanatiques agents qui l'appliquent. Ceux-là ne sont pas seulement de durs oppresseurs, mais encore, consciemment ou inconsciemment, ils se sont ligués avec les suppôts d'un parti néfaste pour ASSIMILER les indigènes à coup de procès-verbaux.

Il y avait un moment que le rapporteur avait laissé tranquilles les assimilateurs ; nous nous en étonnions. Mais nous n'avons pas perdu pour avoir attendu un peu ; un simple mot souligné leur a de nouveau fait mordre la poussière :

Qu'en termes excellents, ces choses-là sont dites !

Ainsi, voilà qui est bien entendu ! Au colon, les rigueurs, toutes les rigueurs du Code forestier. A son voisin indigène, toutes les indulgences, toutes les latitudes, un bon petit code fabriqué à son intention et sur ses indications. Et quand il plaira au bédouin, fatigué de se déplacer sur les terres de l'Etat, de se retourner sur le roumi d'à côté, on le priera de n'avoir pas à se gêner. Quant au colon, oppresseur et spoliateur, s'il regimbe et proteste, qu'on le coffre aussitôt et qu'on l'envoie en Calédonie.

« Cet immense appareil de vexations fatales et d'inévitable arbitraire est remis entre les mains, — car il faut aller au fond des choses, — non pas des hommes distingués qui se figurent, de Paris, qu'ils le dirigent, non pas même des conservateurs locaux et de leur état-major, mais des gardes forestiers (brigadiers, simples gardes, auxiliaires indigènes), le personnel administratif le moins bien recruté, le plus mal payé, le plus surmené par l'excessive étendue des circonscriptions de surveillance et la difficulté des déplacements. Voilà les seuls agents que connaissent les populations forestières, voilà ceux qui sont à leurs yeux les vrais caïds et les vrais maîtres. N'ont-ils pas le pouvoir de lier et de délier ? Ne se présentent-ils pas dans les douars, le procès-verbal d'une main, la transaction de l'autre ? Il y a dans le décret de délégation qui accompagne le décret de rattachement du 26 août 1881, c'est-à-dire dans les attributions propres au Gouverneur général, un paragraphe qui lui réserve « toutes transactions sur délits forestiers ». Est-ce une dérision ? Comment le Gouverneur général pourrait-il seulement connaître ces milliers de transactions, presque aussi nombreuses que les délits ? Autant le charger de dresser lui-même les procès-verbaux ».

« L'article 159 du Code forestier autorise l'administration des forêts à transiger avant et après jugement. En Algérie la transaction est toujours offerte avant. Elle est généralement du dixième de l'amende et des réparations pécuniaires encourues, plus les frais du procès-verbal. La force des choses reprend ici ses droits et rien ne crie plus haut contre une législation impraticable que ces lendemains d'indulgence inexpliquée, rien n'est mieux fait pour troubler ces pauvres cervelles, pour abaisser dans leur esprit l'autorité de la loi, pour rehausser encore à leurs yeux le fonctionnaire qui verbalise et qui, après avoir signifié le procès-verbal, vient quelques jours après signifier la clémence. Quoi d'étonnant qu'on le sollicite, cet agent de la loi vivante? Quoi d'étonnant que parfois il se laisse corrompre? Il en est de tristes, de trop nombreux exemples. Il serait cruel d'y insister. En cette affaire l'humble instrument est moins coupable que le système. »

M. J. Ferry est anxieux ; il s'inquiète du trouble apporté dans ces pauvres cervelles indigènes par « ces lendemains d'indulgence inexpliquée ». M. le Rapporteur peut se rassurer sur les suites des chocs que subissent les dites cervelles. Celles-ci savent très bien apprécier qu'il ne s'agit pas d'indulgence, mais du jugement qui a suivi le procès-verbal. Si les indigènes refusent la transaction qui leur est offerte, c'est uniquement parce que chez eux il est de principe de gagner d'abord du temps. Après, on voit venir.

Nous sommes de ceux qui estiment qu'en matière de délits, la législation pour les indigènes, aussi bien que pour les Français d'ailleurs, doit être expéditive et aussi peu onéreuse que possible, pour ne pas dire gratuite. C'est par ce que l'on n'a pas tenu compte de ces conditions essentielles, que l'indigène repousse notre justice et retourne aux cadis, dont il connaît cependant l'extrême corruptibilité. Or, il se trouve que le code forestier les réunit, ces conditions. Le garde ne se présente pas, comme l'enseigne le rapport, avec le procès-verbal d'une main et la transaction de l'autre. Mais après avoir dressé le constat du délit, il revient le lendemain ou les jours suivants avec la transaction consentie par ses chefs. Quoi de plus rapide? Quoi de plus naturel aussi? Quoi de plus juste? Eh bien! rien, paraît-il, ne serait plus lent, plus coûteux et surtout plus immoral! Nous renonçons à comprendre comment ce qui est vérité au-delà de la Méditerranée est fausseté, duperie, mensonge, spoliation, abus de pouvoir en deçà.

La peinture que le rapport trace de ce gouverneur astreint, de par certain article des décrets des rattachements, à viser toutes les transactions et par suite presque tous les procès-verbaux, est assurément pleine de sel. Elle n'a qu'un défaut, c'est de porter complètement à faux.

En effet, d'après l'article incriminé, on attribue au Conservateur la sanction des transactions quand le montant ne dépasse pas 1,000 fr. ; au Gouverneur, quand le chiffre varie de 1,000 à 2,000 fr. ; et enfin, au Ministre de l'Agriculture quand la transaction porte au-delà de cette dernière somme.

M. le Rapporteur, qui certainement connaît par cœur les décrets de 1881 puisque son objectif est de les démolir, n'ignorait pas cette disposition. Pourquoi-donc ce nouvel accroc à la vérité ? Il s'agissait de plaider coupable, d'établir à tout prix la culpabilité des forestiers, c'est vrai ; mais d'ordinaire, alors même que ce sont des forçats en rupture de chaîne qui sont sur la sellette, on n'a pas recours à de pareils procédés !

L'honorable président de la Commission n'est pas plus excusable, quand il tente de faire croire à ses collègues que l'agent forestier « a le pouvoir de lier et de délier ». L'image de ce petit tyran investi d'attributions qui en font « le vrai caïd, le vrai maître » est assurément très réussie, mais de pure imagination ; elle a dû faire bien rire tous les anciens élèves du séminaire de Nancy.

Pour M. J. Ferry, la transaction est « un lendemain d'indulgence inexpliquée » ; et la pauvre cervelle de l'indigène est toute bouleversée, quand après lui avoir dressé un procès-verbal, on vient quelques jours après offrir au délinquant de composer avant le jugement.

Nous l'avons déjà dit, l'arabe est moins pauvre d'esprit qu'on se le figure au Sénat ; et quand il fait la bête, c'est qu'il a intérêt à le faire.

Pour notre part, nous nous expliquons très bien la transaction ; elle est à nos yeux une excellente mesure que nous voudrions voir introduire dans toute la procédure indigène et... française. En tous cas, nous avons peine à comprendre comment un législateur a pu traduire transaction par indulgence ; et s'il a ainsi interprété les choses, nous comprenons encore moins qu'il fasse grief de cette indulgence aux forestiers.

Le rapporteur ne pouvait manquer de signaler à l'indignation de ses collègues la corruption des agents forestiers, à propos de quelques défaillances relevées chez ces agents. Eh quoi ! c'est lorsque ces hommes, « les plus mal payés, les plus surmenés par l'excessive étendue des circonscriptions de surveillance et la difficulté des déplacements » suivant les termes mêmes du rapport, se trouvent trop isolés de leurs chefs qui, soit en raison de leur nombre restreint soit en raison de leur trop grand éloignement, ne peuvent matériellement pas les surveiller ; c'est lorsque ces hommes vivent au milieu de populations où la corruption est chose banale, fait partie intégrante des mœurs, que l'on trouve extraordinaires quelques faits de corruption ! S'il est une chose qui nous étonne, c'est que ces défaillances ne soient pas de tous les jours.

L'honorable sénateur a-t-il au moins songé à proposer quoi que ce soit pour empêcher le retour de cet état de choses ? Nullement. Il n'avait pas à s'en inquiéter ; la tarte à la crême du pouvoir fort suffit à panser et à guérir toutes les plaies. A quoi bon s'inquiéter du sort de cet humble agent qui, par suite de circonstances sciemment voulues ou tolérées par nos gouvernants et nos législateurs, est dans l'alternative d'exposer sa vie s'il fait son devoir ou de succomber aux tentatives de corruption s'il ne le fait pas ?

Il serait cruel d'insister sur ces « trop nombreux » exemples de corruption, dit M. J. Ferry. Nous nous abstenons, nous, de qualifier cette exécution sommaire de tout un personnel, cette flétrissure jetée à la face d'hommes qui ont tous ou presque tous appartenu à l'armée et en sont sortis la tête haute !

« C'est ainsi que l'administration forestière détient le Gouvernement de fait de 800,000 indigènes. C'est devant elle qu'ils s'agenouillent et qu'ils tremblent ; c'est elle qui arrache à leur pauvreté ce lourd tribut annuel qui se chiffre, en 1884, par 1,265,312 francs de condamnations pécuniaires, amendes, dommages-intérêts et frais : en 1885, 1,321,367 francs ; en en 1888, 1,119,652 francs ; en 1890, 1,658,958 francs. Grâce à cela du moins, les forêts d'Algérie produisent quelque chose, elles ne donnent en produits forestiers qu'un revenu moyen de 477,000 francs depuis dix ans, mais elles produisent plus d'un million et demi de procès-verbaux ! »

L'image de ces 800,000 indigènes « tremblants et agenouillés » devant deux ou trois douzaines de gardes forestiers est fort émouvante. Il y a là de quoi inspirer à un peintre de talent un beau sujet de tableau pour le palais du Luxembourg. Au premier plan un képi de garde forestier sur un pieu et la foule des indigènes grelottant la peur, prosternés devant le pieu et versant à terre des sacs d'écus ; au deuxième plan, sur un monticule, un garde, à l'air arrogant, fumant la pipe sur le devant de son palais et ayant à ses côtés deux almées qui lui chassent les mouches ; au troisième plan, quelques colons aux yeux enflammés par « des convoitises ardentes ». Enfin, dans le lointain, au-milieu d'un fond d'aurore éblouissante apparaîtrait, sous la forme de Saint-Michel, le gouverneur fort tenant dans une main un paquet de foudres et brandissant de l'autre une épée flamboyante.

En attendant le débarquement du Saint-Michel en question, les indigènes sont écrasés sous le poids des amendes, et c'est par millions que se chiffrent tous les ans ces amendes.

Pour des gens qui pèchent au moins sept fois par jour — à notre avis, ils pèchent encore bien plus souvent, car ils sont en état de révolte continuelle contre le Code forestier — et qui, par conséquent, encourent au moins sept procès-verbaux, on voudra bien reconnaître cependant que les chiffres cités ne représentent qu'une portion infinitésimale de ce qui reviendrait au fisc, si tous les délits étaient constatés et frappés. On voudra bien aussi reconnaître, en passant, que ce résultat ne concorde guère avec « l'impitoyable, l'impassible » répression des paragraphes précédents.

Cette observation faite, nous avons à regretter que M. J. Ferry n'ait pas jugé convenable de donner quelques explications sur les chiffres qui ont si fort impressionné ses amis? Ne sait-il pas que ces chiffres se composent de deux parts: l'une qui représente l'amende proprement dite, c'est-à-dire l'intervention du Code forestier, et l'autre qui représente les frais mangés par la procédure. Il parle bien de « dommages-intérêts et de frais »; mais il fallait insister sur cette distinction et ne pas se contenter de dire que les forêts de l'Algérie produisent « plus d'un million et demi de procès-verbaux. »

Si nous nous en rapportons à un travail publié, il y a quelque temps, dans le *Moniteur universel*, nous voyons que, conformément aux comptes définitifs des recettes, le million annuel se réduit à 169,529 francs pour 1889, à 210,582 fr. pour 1890, en tant qu'amendes forestières. Le surplus est représenté par les frais de jugement, de timbre et d'enregistrement. Un ancien Conservateur, M. Mathieu, estime lui aussi que les sommes encaissées définitivement par le fisc ne représentent que le huitième des amendes imposées par l'administration forestière, y compris même les travaux exécutés par les insolvables.

« On ignore donc que ce sont les préposés forestiers qui remplissent alors les fonctions d'huissiers, que les frais de citation en matière forestière ne sont pas taxés par kilomètre, mais sont soumis à une taxe fixe de 0 fr. 40 par acte et par personne. Un procès-verbal transigé avant citation n'entraîne qu'à 3 fr. 40 de frais. Les frais énormes que l'on étale sont ceux que les indigènes ont le talent de se créer lorsque, poussés par nous ne savons quels conseillers, ils se croient obligés, soit de soulever une question préjudicielle de propriété, en présentant des titres plus ou moins apocryphes, soit de suivre plusieurs degrés de juridiction. Ils tombent alors entre les mains d'hommes d'affaires qui ne ménagent pas les frais.

» Un indigène a-t-il commis un délit forestier? A moins de cas excessivement rares, l'Administration lui offre une transaction dont le montant atteint à peine le 1/10 des condamnations encourues.

» Mais l'indigène est solliciteur de sa nature, et il espère qu'en demandant et en redemandant sans cesse, il obtiendra une réduction.

» Il s'adressera d'abord à l'Administration, puis au Préfet, puis au Gouverneur Général, enfin au Ministre ou même au Président de la République. Il entassera dans ses réclamatious mensonges sur mensonges, pour apitoyer sur son sort, et dépensera ainsi souvent plus d'argent à faire écrire ses pétitions ou à faire forger de faux titres de propriété, que la transaction qui lui est offerte ne lui aurait coûté. Pendant le temps qui s'écoule pour l'instruction de ces nombreuses demandes, les délais passent, il est cité devant le tribunal et condamné, — à moins qu'il n'excipe d'un droit de propriété, — auquel cas les frais d'instances civiles viennent se greffer sur les frais d'instances criminelles ; et les procès, basés sur des pièces la plupart du temps fabriquées, deviennent interminables et épuisent tous les degrés de juridiction. C'est là qu'est la plaie, c'est là qu'est la ruine. Mais, encore une fois, on ne saurait rendre ni l'Administration forestière, ni le Code forestier responsable de pareils désastres. » *Réponse à une note sur les forêts de l'Algérie.*

Voilà la légende du million bien entamée ! Mais n'insistons pas trop sur l'éclatement de cette grosse bulle de savon ; car la Commission sénatoriale, en constatant la mansuétude des forestiers, pourrait bien changer ses batteries et demander la révocation en masse d'un personnel qui a ainsi failli à sa mission et, par sa coupable indifférence, s'est montré le complice de la ruine des forêts confiées à sa garde.

Que dire du trait de la fin, de cette méchanceté décochée aux forestiers qui consiste à leur reprocher de ne tirer de leur domaine que des produits infimes ? Ou bien M. J. Ferry a pris le soin de recueillir tous les renseignements dont il avait besoin pour traiter son sujet ; ou bien, il n'a pas pris cette précaution, qui s'impose pourtant à toute personne consciencieuse. Dans le premier cas, il a sciemment trompé l'opinion publique, attendu qu'il savait fort bien que ce n'est pas avec un personnel réduit à des proportions ridicules et avec des crédits s'élevant jusqu'à *deux centimes* par hectare, qu'il est possible d'obtenir des revenus appréciables du domaine forestier. Dans le second cas, il s'est montré plus coupable encore, car on ne livre pas une administration à la risée publique pour le seul plaisir d'agrémenter un rapport.

« Mais qui peut dire ce que ces tristes produits coûtent à l'autorité de la France dans le monde arabe, à ce renom de justice et de loyauté qui est la véritable force du conquérant, à la paix sociale, à la sécurité du pays conquis ? Nous les avons vues ces tribus lamentables que la colonisation refoule, que le séquestre écrase, que le régime forestier pourchasse et appauvrit. Nous avons entendu leurs plaintes et touché du doigt la cause de leur misère. Nous avons vu ces clairières cultivées, ces champs d'orge et de blé qui bordent les plaines, où depuis des siècles la charrue arabe creusait son maigre sillon, et que l'esprit de système a fait rentrer violemment dans le sol forestier. Nous avons vu sur les dunes, en petite Kabylie, la fiscalité française disputer à l'Arabe en guenilles l'herbe verte qui foisonne au printemps autour des touffes de lauriers-roses. Ce n'est pas seulement notre cœur qui s'est ému, c'est notre raison qui a protesté. Il nous a semblé qu'il se passait là quelque chose qui n'est pas digne de la France, qui n'est ni de bonne justice, ni de politique prévoyante. L'administration des forêts a dressé, de 1883 à 1890, **96,570** procès-verbaux ! Combien a-t-elle fait de désespérés ? Est-il bien surprenant de voir chaque été monter à l'horizon la flamme des incendies et le nombre et l'importance des sinistres s'accroître, pourrait-on dire, en proportion des rigueurs de la répression forestière ? »

Une atteinte, et une atteinte grave, a été portée « à l'autorité de la France dans le monde arabe, à ce renom de justice et de loyauté qui est la véritable force du conquérant, à la paix sociale, à la sécurité du pays conquis ». Oui, cela est vrai, malheureusement trop vrai !

Mais si, avec M. J. Ferry, nous sommes d'avis que le renom de justice et de loyauté est la véritable force du conquérant, et que ce renom est fort compromis aujourd'hui, nous devons nous séparer complétement de lui, quand il affirme que c'est le code forestier qui a entraîné le gouvernement français à suivre la voie déplorable dans laquelle il est entré et dans laquelle ont veut encore l'entraîner, pour une simple satisfaction d'amour-propre et pour flatter les ambitions ou les théories d'un parti.

Le Président de la Commission, après avoir d'abord mis seul en cause le code forestier, n'est plus, il est vrai, aussi exclusif quelques lignes plus bas. Il reconnaît que l'extension de la colonisation et le séquestre sont aussi pour quelque chose dans l'état de misère des indigènes. Nous lui concédons que le séquestre les a durement frappés et que beaucoup ne s'en sont pas encore relevés ; mais on peut soutenir que cette mesure s'imposait après l'insurrection de 1871 ; et il nous a semblé que M. Ferry était de ceux qui pensent que cette mesure a été la conséquence fatale de la guerre. Ajoutons que si la liquidation du séquestre a traîné si longuement, c'est parce qu'on a ménagé les séquestrés, parce qu'au lieu de les expulser aux termes fixés, on leur a accordé des termes plus ou moins éloignés. Peut-on blamer le gouvernement d'avoir obéi à d'aussi bons sentiments ? Nous ne le pensons pas. Le séquestre a donc appauvri les indigènes ; mais il n'y a pas lieu de récriminer contre cette mesure. Ce qui serait plus utile et plus humain ce serait d'empêcher le retour des insurrections ; mais à quoi bon ? N'allons-nous pas avoir la panacée universelle ?

Quant au refoulement de l'arabe par la colonisation, il serait nécessaire de s'entendre avant de jeter dans le public cette idée : que la colonisation ne s'est jamais faite et ne se fera jamais qu'aux dépens du peuple conquis. C'est là une grosse erreur qu'il est, à tous les points de vue, nécessaire de ne pas laisser propager. Des indigènes ont été expropriés par l'Etat pour la création de centres de colonisation ; mais d'une part, on se représente difficilement comment la France aurait pu coloniser ce pays, si l'on n'avait pas fondé des villes et des villages ; et, d'une autre part, les expropriés ont toujours été indemnisés. (1) Enfin, point important

(1) Si souvent, ils l'ont été tardivement, il faut s'en prendre, non aux colons, mais à l'Administration qui avait tout pouvoir pour faire cesser un tel abus.

à mentionner, il est avéré que les indigènes ont largement profité du voisinage des centres.

Il y a Algérie de la place pour tout le monde. La population européenne serait portée à 10 millions d'âmes et les indigènes doubleraient de nombre, que chacun trouverait encore sa place au soleil. Seulement, il faut se hâter d'en terminer avec la question de la propriété indigène, et procéder à une révision des titres de propriété aussi bien chez les européens que chez les indigènes. Il est inadmissible que d'immenses territoires restent entre les mains d'anciens grands chefs qui sont devenus propriétaires par droit du plus fort ou du plus coquin ; comme il est inadmissible, que de grandes sociétés financières détiennent en vertu de caprices de S. M. Napoléon III, des milliers d'hectares qu'elles laissent improductifs ou quelles louent aux arabes.

Au lieu d'accuser la colonisation de refouler les arabes nos hommes d'Etat feraient bien mieux de consacrer quelques minutes d'attention à ces graves questions.

Le service forestier vient en troisième lieu, d'après le rapport ; et c'est lui qui est chargé d'achever l'indigène, réduit aux abois. Nous n'avons plus à nous répéter ; les forestiers défendent le domaine de l'Etat comme c'est leur mission et leur devoir. Et si jamais, il prend fantaisie à une tribu de s'embarquer et d'aller établir ses tentes au bois de Boulogne, il est probable que le service forestier de la Métropole se montrera aussi implacable, aussi féroce que celui de l'Algérie.

Le rapport évalue à trois causes l'état de misère des indigènes ; à notre avis, elles sont bien plus nombreuses. Il suffit d'avoir une connaissance sommaire du pays pour les connaître. Nous n'avons pas à les énumérer ici ; bornons-nous à constater qu'on ne paraît guère s'en douter en hauts lieux, et que tout l'intérêt de nos gouvernants se porte sur la partie la moins intéressante de la population indigène.

En effet, c'est surtout de cette armée roulante

du Sud que l'on s'inquiète. Pour elle, on ne recule pas devant les plus singuliers moyens ; pour elle, on rompt avec toutes les traditions de la vie parlementaire; un rapport devient un réquisitoire contre une population tout entière et contre une administration. Quant aux miséreux, et ils sont nombreux, qui voudraient travailler, qui demandent qu'on leur garantisse la propriété de leur lopin de terre, qu'on leur donne une justice juste et expéditive, que l'impôt soit mieux réparti, qu'on garantisse leurs personnes et leurs biens contre les voleurs, de ceux-là qui ne demandent en somme qu'une chose, c'est qu'on leur assure les conditions matérielles de l'existence, de ceux-là on n'a cure.

Etant donné ce courant de sensiblerie vis-à-vis de populations qui redoutent tant les ampoules aux mains, qui préfèrent lézarder au soleil et qui, somme toute, ne vivent qu'aux dépens d'autrui, attendons-nous à voir un Représentant s'apitoyer à la tribune sur les contrebandiers. Pourquoi pas? En prenant le soin de faire remarquer qu'on porte atteinte à leurs habitudes séculaires, que la civilisation les « repousse », que la prison les « écrase », que le service des douanes les « pourchasse et les appauvrit », l'orateur n'aurait qu'à agiter le nombre de procès-verbaux dressés ou de coups de fusil échangés pendant dix ans ; et certainement il recevrait de nombreuses poignées de main en descendant de la tribune.

Que l'on s'occupe des populations errantes ; qu'on les mette dans des conditions telles qu'elles pourront vivre sans ravager les biens du voisin, qu'elles pourront adopter un système de culture autre que celui qui consiste à ne plus laisser pousser l'herbe derrière eux, nous sommes de cet avis. Mais, les autres ne sont-ils pas dignes de votre pitié, Messieurs les Sénateurs ? M. J. Ferry vous l'a dit : « Il se passe en Algérie quelque chose qui n'est pas digne de la France, qui n'est ni de bonne justice, ni de politique prévoyante. » A vous de voir maintenant si c'est le Code forestier et l'administration forestière qui ont créé cet état de choses et qui ont fait des indigènes des désespérés.

Ce sont ces désespérés, nous enseigne le rapport, qui incendient chaque année les forêts. M. J. Ferry ne se contente pas d'affirmer le fait; il le prouve : « Le nombre et l'importance des sinistres s'accroissent, pourrait-on dire, en proportion des rigueurs de la répression forestière. » Nous eussions bien aimé voir quelques chiffres à l'appui; il n'y a rien de tel lorsque l'on veut établir une proportion. Nous avons cherché à nous procurer ces chiffres; mais nous n'avons pas été plus heureux que M. le Rapporteur, lequel très vraisemblablement s'est abstenu de produire des arguments topiques parce qu'il n'en a pas trouvé.

Tout ce qu'il nous a été possible de nous procurer, c'est le tableau des hectares brûlés chaque année de 1876 à 1890. De 1876 à 1883 le nombre d'hectares a été de plus de 315,000; de 1883 à 1890, c'est-à-dire dans les huit années de la période ascendante des procès-verbaux, celle des 96,570 procès-verbaux, il y en a eu près de 171,000, soit presque la moitié en moins.

A cette observation, nous ajouterons que nous nous souvenons, en 1848, avoir assisté à de terribles incendies qui venaient jusqu'aux portes de Guelma. A cette époque, et de ce côté-là au moins, il n'y avait pas le moindre garde forestier, et partant — du moins nous le croyons — pas de procès-verbaux.

Au surplus, dès 1843, le Gouvernement été obligé de rappeler aux municipalités d'avoir à se servir de la loi d'août 1790 pour conjurer les incendies qui devenaient de plus en plus nombreux, bien qu'il n'y eut pas de Service forestier à cette époque, et par suite pas de procès-verbaux.

Pour faire concorder ces faits avec la théorie actuelle, on les écartera purement et simplement, et on les mettra sur le compte de la guerre. Mais alors comment expliquer les incendies de 1861 et des années suivantes ? Il est difficile de les attribuer aux représailles de la guerre; il est non moins difficile d'y voir une réponse aux exactions forestières, car à ce moment le Service forestier est encore à l'état embryonnaire. Nous convenons que notre démonstration n'est pas absolument probante;

mais elle nous paraît cependant préférable à une simple affirmation qui ne repose sur rien.

La question des incendies forestiers a été l'objet de nombreux travaux, rapports et enquêtes. Nulle part nous n'y avons vu signaler la cause découverte par M. J. Ferry; et nous craignons bien qu'en raison du manque absolu d'arguments fournis à l'appui, cette découverte ne soit accueillie avec une certaine réserve. La période oratoire de l'incendie allumé par les 96,000 procès-verbaux n'en restera pas moins dans le répertoire des citations littéraires à l'usage de la jeunesse.

Un autre beau passage non moins remarquable, c'est celui où le fisc vient disputer à l'arabe en guenilles l'herbe qui pousse sur les dunes. Bien des larmes ont dû couler, bien des colères ont dû gronder à la lecture de ces lignes émouvantes. Sans vouloir en rien diminuer le mérite de l'auteur, nous ferons humblement observer que ledit arabe en guenilles est un coutumier de ce genre de larcins, qu'il sait pertinemment à quoi il s'expose en cueillant de l'herbe sur un terrain qui ne lui appartient pas. Il n'ignore pas, il sait très bien que moyennant une démarche et une redevance insignifiante, il aurait eu toute liberté de prendre autant d'herbe qu'il aurait voulu ou qu'il aurait pu. Mais non! il a préféré frauder, par ce que d'abord il espère qu'il ne sera pas surpris; ensuite par ce que s'il est pris, il geindra tellement qu'on annulera le procès-verbal; enfin, par ce que s'il est condamné, il trouvera le moyen de ne pas payer. Si M. J. Ferry avait jamais entendu, dans un café maure, ces martyrs du Code forestier raconter les bonnes farces qu'ils jouent aux gardes, aux juges et au fisc, il aurait certainement résisté au désir d'écrire ces quelques lignes, très pathétiques assurément, mais qui ont dû bien amuser le héros de l'histoire, si elles lui sont tombées sous les yeux.

« L'Arabe, disait M. Bertagna dans le rapport déjà cité, n'est pas, comme on le suppose généralement, un ennemi de la forêt; il la considère, au contraire, comme un auxiliaire précieux, un élément indispensable à son existence, mais il la lui faut adaptée à ses besoins, aménagée selon les exigences de son existence pastorale. » Là où les propriétaires des grands bois, cultivateurs attentifs du chêne-liège, colons habiles et vieux Algériens, ont eu l'esprit d'ouvrir la forêt au bétail, l'incendie volontaire a cessé de sévir ; les rapports sont faciles avec les tribus, et le pâturage même qui débroussaille un sol exubérant, diminue les risques causés par la sécheresse. »

Voici enfin une note gaie !

Non ! L'arabe n'est pas ce qu'un vain peuple pense ! dit M. Bertagna déjà cité ; et tout ce qui arrive aujourd'hui est le résultat d'un malentendu. On n'a jamais compris les excellents sentiments que l'indigène nourrit vis-à-vis de la forêt ; et au lieu de forêts « adaptées à ses besoins » on s'obstine à lui en offrir que l'on n'oserait pas présenter à des roumis. Il serait cependant bien simple de donner satisfaction à ses modestes goûts : quelques kaouadjis de distance en distance, quelques établissements où des odalisques joueraient du guibri, quelques hectares bien pourvus de gibier, et surtout pas de gardes forestiers ! il n'en demande pas davantage. Et dire qu'on ne l'a pas compris jusqu'à ce jour !

Seuls, les propriétaires, et surtout les candidats-propriétaires de forêts de chênes-liège, le comprennent et s'empressent d'aller au devant de ses désirs. Et les troupeaux de se vautrer continuellement dans des broussailles « exubérantes » que l'on entretient, que l'on soigne à grands frais dans le but de faire plaisir à ses braves arabes. Ce n'est pas précisément là l'idéal de l'exploitation des forêts de chênes-liège ; mais que ne ferait-on pas pour ces excellents arabes ? Ah ! si le gouvernement savait apprécier les trésors de tendresse que certaines personnes ne demandent qu'à dépenser sur la tête de leurs frères, comme il s'empresserait d'abandonner à ces admirables philanthropes le restant des forêts de chênes-liège ! On ne s'imagine pas comme une concession de chênes-liège ouvre l'intelligence et le cœur ! Ainsi, nous connaissons des personnes qui avant d'avoir une forêt n'ont pas assez de mépris et d'épithètes ordurières pour le sale bédouin. Promettez-leur un petit bois, un tout petit bois, et aussitôt injures et menaces deviennent du miel. Allons ! un bon mouvement, Messieurs les Sénateurs !

« Il faut à l'Algérie son Code forestier, mais pas le nôtre. Il est extraordinaire que, depuis tant d'années, depuis douze ans surtout qu'elle est souveraine en Algérie, l'administration métropolitaine n'ait pas songé à mettre la réforme à l'étude. Et c'est justement parce qu'elle est purement métropolitaine. Elle descend, avec la sérénité qui caractérise les puissances sûres d'elles-mêmes, la pente de ses traditions, sans se douter qu'elle accumule peut-être, comme nous le disait là-bas un homme de guerre qui a fait la plus grande partie de sa carrière en Algérie, les matériaux d'une insurrection plus grave que celle de 1871. »

Nous ne reviendrons pas sur la prétendue nécessité d'un Code forestier spécial à l'Algérie ; nous nous sommes déjà expliqué sur ce point dans les lignes précédentes et nous y reviendrons à propos du rapport de M. Guichard. Nous ne voulons du paragraphe ci-dessus que retenir l'argument, le grave argument, mis en avant par le rapporteur pour enlever les dernières hésitations.

Pour faire évanouir ce spectre de l'insurrection agité d'un « cœur aussi léger » pour les besoins d'une cause, nous n'opposerons pas nos dénégations personnelles. Elles pèseraient peu en face d'une affirmation dont l'auteur a dû comprendre la gravité; mais nous leur opposerons celles d'un homme dont il est impossible à M. J. Ferry de décliner la valeur, l'autorité et la probité. Cet homme a dit un jour au Sénat, lors de l'interpellation Dide, c'est-à-dire quelques mois avant le dépôt du rapport du Président de la Commission sénatoriale : « l'éventualité d'une révolte est une querelle chimérique et un péril d'imagination. » Quel était cet homme qui était non moins affirmatif que le rapporteur ? C'était M. le sénateur J. Ferry !

Il est possible que dans les hautes régions de la politique, il soit permis d'avoir recours à d'aussi peu scrupuleux moyens oratoires pour enlever un vote. La Raison d'Etat couvre, dit-on, les manœuvres les plus abominables. Soit! Mais comme notre faible entendement ne s'élève pas jusqu'à comprendre les beautés du machiavélisme en Chambre, nous avons dû nous borner à rapprocher les paroles prononcées par le même personnage politique à quelques jours d'intervalle; cela suffira, pensons-nous, pour montrer ce qu'il faut penser d'un argument qui a dû produire la plus profonde impression sur le Sénat.

Nous arrivons maintenant aux conclusions:

« La responsabilité de la paix et de l'ordre, la haute direction de la race indigène, c'est sur la tête du Gouverneur Général qu'elles reposent. Nous demandons au Gouvernement de lui restituer la plénitude de l'autorité sur les populations forestières. Lui seul peut faire entrer dans l'application de ces lois spéciales l'esprit local, l'esprit politique, qui doit primer en pays arabe, sur les confins des Hauts-Plateaux, au seuil de toutes les rébellions, l'esprit formaliste importé de Paris. Lui seul peut couvrir de son autorité et de sa responsabilité les tolérances que rendent nécessaires, selon les régions et selon les temps, les circonstances économiques, politiques, climatériques, les excès de la sécheresse, les ravages du siroco, l'invasion des sauterelles, l'exode plus ou moins empressé des tribus du Sud. Il ne peut y avoir à cet égard ni demi-mesure, ni transaction : les délégations du décret du 24 septembre 1886 ne sont qu'apparentes ; il est nécessaire, il est indispensable d'en revenir, le plus tôt possible, à l'état de choses si bien défini par le décret organique du 27 septembre 1875. »

Telles sont les conclusions du rapport.

En définitive, c'est là qu'il devait nous mener. L'objectif était la justification des projets de « pouvoirs forts » à accorder aux gouverneurs. Eh bien! nous le demandons en toute sincérité à toute personne qui, sans idée préconçue, cherchera dans les lignes du document sénatorial un semblant de raison à l'appui de ces projets. Que l'on dépouille ces lignes de leur éloquence entraînante, de leur éblouissant coloris, et l'on se trouvera forcément en présence du dilemme suivant:

Ou bien ces prétendues complications ou difficultés dans l'application des lois forestières sont susceptibles d'être résolues, au mieux des intérêts de l'État et de ceux des indigènes, par un personnel dont les chefs ont autant de bon sens, d'équité et de compétence qu'un personnage quelconque, fut-il un gouverneur;

Ou bien, ces complications et ces difficultés sont telles que leur solution ne peut être laissée au seul arbitre d'une personnalité, quelque prodigieuses que soient ses facultés administratives, législatives et scientifiques. Alors la loi seule doit fixer cette solution; et pour appliquer la loi, il n'est besoin d'aucun pouvoir fort.

Nous les avons vus à l'œuvre ces gouverneurs auxquels les décrets de 1860 et de 1876 avaient donné l'infaillibilité et la toute puissance temporelle. Qu'ont-ils fait pour mettre en valeur nos forêts qui devraient aujourd'hui rapporter au Trésor quarante millions par an, au bas mot? Non seulement ils n'ont rien fait; non seulement ils ont laissé saccager le domaine forestier par les indigènes; non seulement ils n'ont jamais su trouver les moyens pratiques d'obvier aux incendies forestiers; mais encore ils ont aliéné à des favoris tout ce qu'il y avait de plus riche comme forêts de chênes-liège.

C'est un revenu de 10 à 12 millions par an dont on a frustré le Trésor public. Eh bien! depuis 1881, on n'a plus, au moins, vu se reproduire de pareil scandale; et les rattachements n'ont pas non plus à leur actif d'histoire semblable à cet autre scandale de la concession de cent mille hectares d'alfa à une puissante société financière.

Certes, est-il besoin de le dire, il n'entre pas, il ne peut entrer dans notre pensée de croire que les hommes politiques qui partagent les idées du Président de la Commission aient la criminelle pensée de se prêter si peu que ce soit au retour de ces odieux errements. Mais, qu'ils le sachent bien, ils ont subi, sans s'en douter, l'influence de ces vampires qui se sont joués de leur bonne foi, spéculant sur leur sentimentalisme envers les indigènes pour les amener insensiblement aux pouvoirs forts, dont ils espèrent exploiter les côtés faibles.

Que n'ont-ils entendu quelquefois causer entre eux ces défenseurs de l'opprimé? Ah! ils auraient été bien désabusés certainement, s'ils eussent, comme nous, entendu ces preux héroïques, prêts à se faire tuer pour défendre les droits de l'indigène à l'existence pastorale, le traiter dans l'intimité de pouillerie, de vermine, de pourceaux à mener à coups de trique.

En résumé, nous ne croyons pas que des lois nouvelles spéciales soient nécessaires (1). Nous pensons que de simples amendements, des instructions précises, suffiront à adapter le code forestier aux conditions particulières des différentes régions de l'Algérie. Et nous croyons qu'il n'est personne qui refusera aux chefs de l'administration forestière l'autorité et la compétence voulues pour inspirer les tempéraments dont nous parlons. Au surplus, ces fonctionnaires, comme tous les hommes de valeur, n'ont aucune prétention à l'infaillibilité; aussi sommes-nous convaincu qu'ils sauront, eux, tenir compte des avis, des conseils et des vœux des populations.

Si, par cas, il était reconnu qu'une loi spéciale ou des lois spéciales sont indispensables, nous ne voyons pas qu'elles impliqueraient l'intervention d'un gouverneur. En France, on n'a pas songé à nommer un fonctionnaire de ce genre, quand on a voté et appliqué la loi spéciales aux forêts des Maures et de l'Esterel.

Quant à abandonner à un Gouverneur le soin de réglementer suivant son inspiration, nous repoussons cette éventualité de toutes nos forces, de toute notre énergie; car, quelle que soit sa probité, son inspiration ne sera que celle de son entourage, de sa camarilla. Les pouvoirs forts sont les plus exposés aux faiblesses. Nous ne dirons pas que, par la force des choses, ils passent à l'état d'exécutifs des

(1) Tout au plus, pourrait-on songer à élaborer un code pastoral sommaire, ainsi que le propose un ancien Conservateur, d'Oran, M. Mathieu et à codifier, dans un recueil unique, les mesures spéciales reconnues indispensables pour sauvegarder les forêts de l'Algérie. Nous nous expliquons plus loin sur ce point.

hautes et basses œuvres des gens habiles qui s'insinuent auprès d'eux ou s'en font craindre de loin par leur puissance électorale. Mais nous dirons que ces fonctionnaires forts ont besoin de tant d'appuis pour se soutenir et ne pas faiblir, qu'ils passent leur temps et consacrent leur intelligence à entourer d'une atmosphère de bontés ceux qui, par pur dévouement, consentent à jouer le rôle de soutiens du trône et de l'hôtel de la place Malakoff.

Sous un régime républicain, il nous paraît impossible, d'ailleurs, qu'un fonctionnaire, si haut placé qu'il soit, puisse dire : l'Algérie, c'est moi ! La loi en Algérie, c'est moi !

Notre réponse au rapport de M. J. Ferry apparaîtra, sur bien des points, plutôt comme une plaidoirie en faveur d'une administration, que comme une discussion de la question forestière. Que l'on ne s'en prenne pas à nous de la tournure qu'à prise la réplique. Le rapport de M. J. Ferry n'étant, à vrai dire, qu'un violent réquisitoire, qu'un véritable pamphlet contre le service forestier, il nous a bien fallu le suivre sur le terrain qu'il avait choisi.

Nous nous sommes bien gardé toutefois de suivre son exemple et celui de M. Jonnard, son élève ; nous ne nous sommes livré vis-à-vis de ses collègues et de lui à aucune insinuation malveillante; et dans l'œuvre de la propagation de la foi sénatoriale, nous n'avons vu et signalé que les fautes que la Commission allait commettre et les dangers auxquels elle exposait l'Algérie. Quant à l'administration forestière, si nous avons dû prendre sa défense aussi énergiquement, c'est surtout parce que nous avons vu quel était l'objectif que l'on visait en la faisant disparaître ou tout au moins en tentant de l'amoindrir au point de n'être plus qu'un instrument entre les mains d'un gouverneur ; c'est aussi parce que son défenseur d'office l'a abandonnée avec une désinvolture qui est encore sans exemple, croyons-nous.

Disons, en passant, que le service forestier algérien est un peu la cause de la défection du Ministre. Ses chefs ont été plus que tièdes dans la défense des forêts au nom de l'avenir de la colonisation; ils n'ont pas prêté suffisamment main-forte à ceux qui depuis quatorze ans sont sur la brèche pour demander que la conservation et l'extension du domaine forestier soient considérées comme mesures de salut public. Leur attitude timide, trop effacée dans ces circonstances, a compromis la cause que nous défendions, ou tout au moins n'a pas donné à celle-ci, aux yeux du Gouvernement, l'importance que nous lui attachions; de là, très probablement, l'abstention de ce dernier. Il nous faut reconnaître cependant que, tout en étant indépendants du Gouvernement Général de l'Algérie, les forestiers n'en ont pas moins à craindre ses antipathies et ses colères, car le pouvoir central ne sait jamais refuser à un gouverneur, quand il s'agit de frapper un fonctionnaire. Mais sans aller jusqu'à déclarer la guerre au Gouverneur général, jusqu'à soutenir ouvertement les idées et les projets de la Ligue du Reboisement, il nous semble qu'ils eussent pu montrer plus d'énergie et de persévérance qu'ils n'en ont montré. Nous n'aurions peut-être pas eu le rapport Ferry, et la question forestière n'aurait pas aujourd'hui à regagner le terrain considérable qu'elle a perdu.

Quoi qu'il en soit, le mal a été fait; nous avons tâché de le réparer. Avons-nous réussi? Nous osons espérer qu'il se rencontrera quelques hommes qui, sans rien retrancher de l'admiration dont ils ont comblé le rapport de M. J. Ferry, comprendront que les destinées d'un pays ne doivent pas dépendre seulement d'une œuvre littéraire.

LE RAPPORT DE M. GUICHARD

Après un exposé sommaire de la situation du domaine forestier de l'Algérie, M. Guichard relève la statistique du personnel du service. Chose surprenante ! il ne la fait suivre d'aucun commentaire. Il eut cependant, du moins nous le croyons, intéressé vivement ses collègues en plaçant sous leurs yeux quelques éléments de comparaison. Ainsi, il eut pu leur apprendre, à leur très grand étonnement sans doute, qu'en France la contenance moyenne des forêts par Conservation est de 89,312 hectares, tandis qu'en Algérie elle est de 926,436 hectares ; que l'inspection porte sur 18,306 hectares en moyenne dans la Métropole, tandis qu'ici elle s'exerce sur 96,682 hectares ; que les cantonnements français sont de 7,000 hectares et que les cantonnements algériens sont de plus de 63,000 hectares ; que pour les aménagements et les délimitations il y a ici 10 agents, alors qu'il y en a 46 là-bas ; que les triages contiennent en France 500 hectares environ, tandis qu'en Algérie ils sont de plus de 5,000 hectares. (1)

Ces chiffres eussent très probablement donné à réfléchir à quelques uns des collègues de M. Guichard ; et très certainement, il s'en fût trouvé au moins un qui, après s'être bien assuré qu'il ne s'agissait pas d'une mystification, eût en termes non équivoques exprimé sa profonde stupéfaction de voir un personnel réduit à d'aussi infimes proportions, un personnel vingt fois moins nombreux que celui de la Métropole, alors qu'il devrait être deux fois plus nombreux soit en raison d'un climat très fatiguant, soit en raison de l'absence ou de

(1) Quelques-uns dépassent 15,000 hectares : on cite un de 25,000 hectares.

la difficulté des moyens de communication, soit en raison d'une population très habile à déjouer toute surveillance et toute répression.

« Les recettes brutes moyennes des dix dernières années ont été de 477,000 francs.

» Etant donnée une superficie boisée aussi importante, peuplée en partie d'arbres magnifiques qui ne le cèdent en rien aux plus beaux sujets des forêts d'Europe... il est permis de s'étonner que les produits du domaine forestier atteignent le cinquième de ces dépenses. »

Et M. Guichard cite l'exemple d'une ville située à 6 kilomètres d'une forêt peuplée des arbres magnifiques dont il parle et qui fait venir ses bois de construction d'Alger c'est-à-dire de 180 kilomètres.

L'honorable sénateur s'étonne d'une telle anomalie ; elle lui paraît inexplicable. Cependant ne dit-il pas lui-même : « La cause principale qui arrête toute exploitation est le manque de voies de communication entre les forêts exploitables et les ports ou les centres habités. Les forêts sont inabordables en toute saison » ? Cette cause ne suffit-elle donc pas pour faire tomber l'étonnement de M. Guichard ? Nous nous demandons, en effet, comment on pourrait bien s'y prendre pour exploiter des forêts « inabordables » ?

Ce qui nous étonne pour notre part, c'est qu'un esprit aussi judicieux que M. Guichard se borne à constater un état d'abandon des forêts tel qu'elles n'ont ni chemins de vidanges, ni chemins d'exploitation. Le rapporteur constate, et voilà tout. Il ne s'en prend pas ouvertement il est vrai, au personnel forestier, comme M. J. Ferry; mais son silence n'en sera pas moins interprété à l'appui des vues du Président de la Commission. Il eut très bien pu, à notre avis, ne pas garder ce silence, pas assez ou trop éloquent, et dire ce qu'il pensait de ceux qui refusent systématiquement tout crédit pour rendre possible l'exploitation des forêts, et font ensuite courir sus à l'administration forestière par leurs amis parce que, sans personnel et sans argent, elle ne trouve pas le moyen d'enrichir le Trésor.

Que de fois avons-nous lu ce reproche adressé aux forestiers de ne rien faire de leurs forêts? Autour de nous même, nous l'avons entendu formuler par des hommes ordinairement au courant des affaires du pays. C'est aujourd'hui un parti-pris, c'est un cliché; et nul ne veut se priver du plaisir de laver la tête à des fonctionnaires négligents, incapables, incompétents, etc. etc. On ne va pas jusqu'à dire qu'ils mettent dans leur poche les crédits affectés aux aménagements, au reboisement; cela viendra, car il viendra bien un jour où l'on reconnaîtra le ridicule des accusations primitives; alors, il faudra s'adresser à une autre chanterelle.

En vain avons-nous dit et écrit plus de cent fois que les crédits n'existaient pas ou étaient à peine suffisants pour entretenir quelques hectares; constamment nous nous sommes butté au dit cliché: les forestiers n'ont jamais rien fait pour l'entretien et la restauration des forêts!

Et dire qu'il en est de cet argument comme de tous ceux dont on se sert pour frapper sur cette tête de turc que l'on appelle le service forestier de l'Algérie! C'est bien triste, en vérité! Et l'on se demande si ce n'est pas peine perdue que de tenter de remonter un courant d'idées aussi erronées qu'obstinées.

Le courant est tel, en effet, que l'on voit des Ministres trancher ainsi la question forestière :

« Dans ces circonstances, j'estime que pour mener à bien l'œuvre dont il est chargé, le service des forêts doit, avant tout et dans la mesure de ses moyens, réaliser les améliorations suivantes :

» 1° Prévenir, arrêter le déboisement en général et spécialement des terres impropres à la culture. Ces opérations calamiteuses stérilisent chaque année des milliers d'hectares, modifient les conditions climatologiques et hydrologiques de la contrée, diminuent les ressources pastorales et finalement amèneraient la pénurie du bois;

» 2° Prévenir les abus du pâturage;

» 3° Protéger, conserver, améliorer, mettre en valeur les forêts existantes, repeupler les vides, les clairières, opérer les regarnis nécessaires ;

» 4° Créer, améliorer les voies et chemins de desserte, ouvrir aux produits des bois des débouchés fructueux ;

» 5° Puis enfin, dans la limite des ressources restées disponibles, boiser les terrains dont la restauration est reconnue d'intérêt public.

» Cette tâche est lourde, sans doute, mais je suis convaincu, M. le Gouverneur, que sous votre haute administration et avec l'aide des Conseils qui vous entourent, le service forestier n'y faillira pas. » — Septembre 1887.

Que l'on n'aille pas croire, au moins, à une plaisanterie d'un Ministre qui, sachant que le service forestier dispose de la somme de *deux centimes* par hectare, engage vivement ce service à « faire grand » et, sur les économies réalisées, à reboiser largement, suivant le programme qu'il lui trace. Non, rien n'est plus sérieux... hélas !

Nous ne suivrons pas M. Guichard dans le chapitre qu'il consacre à l'exploitation du chêne-liège. Sans vouloir négliger le côté commercial de l'exploitation, nous nous préoccupons surtout du rôle de la forêt dans la climatologie et le régime des eaux ; c'est pourquoi nous n'insisterons pas sur ce passage du rapport. Au surplus, nous l'approuvons d'ailleurs dans son entier, sauf sur quelques points de détail et d'appréciation.

Nous avons toutefois, sur cette question des chênes-liège, à présenter quelques remarques, et nous prions instamment ceux qui nous ont suivi jusqu'à ce moment de vouloir bien en prendre note :

Qui, depuis 8 ou 10 ans, a combattu les projets de grandes concessions de chênes-liège ? C'est l'administration forestière locale. Qui, en sous-mains, s'est opposé à ces projets ? C'est le Gouverneur général.

Qui s'est opposé, en 1881, à ce que 50,000 hectares de chênes-liège soient abandonnés à des particuliers ? Le service des forêts. Qui appuyait les prétentions des industriels ? Le Gouvernement général.

Qui a obligé ces industriels à payer leurs redevances à l'Etat? Le service forestier. Qui leur faisait obtenir des atermoiements continuels ? Le Gouvernement général.

Qui a constamment soutenu l'idée de faire exploiter par l'Etat les chênes-liège du domaine forestier. Qui a tranché la question et a pris une détermination dont M. Guichard a constaté les excellents résultats ? Ce sont les bureaux de Paris, c'est cette administration parisienne que M. J. Ferry à cinglée de ses sarcasmes.

Nous engageons beaucoup ceux qui songent encore aux pouvoirs forts à méditer cette très instructive histoire. Nous les engageons aussi à ne pas oublier que 178,000 hectares de chênes-liège ont été aliénés en 1870 entre les mains de particuliers par le pouvoir fort d'alors, c'est-à-dire que l'Etat a perdu de ce chef un revenu annuel DE 10,000,000 FRANCS AU MINIMUM. Nous avons déjà signalé ce fait scandaleux ; mais nous ne saurions trop y revenir en présence des tendances actuelles.

Comme simple détail, nous ajouterons que M. Guichard, fortement circonvenu par ceux qui avaient jeté leur dévolu sur le restant des forêts de chênes-liège, a trouvé son chemin de Damas grâce à un simple petit agent forestier, sorti du séminaire de Nancy où l'on ignore jusqu'à l'existence du chêne-liège, à un de ces fonctionnaires dont l'ignorance crasse met M. Bertagna dans tous ses états.

Pareil forfait ne sera jamais pardonné au service forestier! Quant à M. Guichard, nous l'en prévenons, il n'a plus à compter sur les autorités extraordinairement compétentes invoquées dans son rapport. Ces philanthropes, tout disposés à accepter des concessions de forêts de chênes-liège uniquement dans un but humanitaire c'est-à-dire pour permettre aux indigènes d'exercer à leur aise leur industrie pastorale, ces philanthropes, disons-nous, vont s'empresser de changer leur tactique. Et s'il faut tomber à bras raccourcis sur le Sénat et demander le refoulement en masse des indigènes, on les verra à la tête de cet autre mouvement.

Nous sommes heureux d'avoir vu triompher les idées des forestiers et nous voyons avec plaisir M. Guichard venir les appuyer. Mais qu'on y prenne garde ; il ne suffit pas d'avoir décidé en principe l'action de l'Etat ; il faut encore que cette action soit complète, car l'exploitation du chêne-liège demande à ne pas être faite à moitié. Pour enlever la décision de principe, le service forestier a cru bien faire en demandant de très faibles crédits, 0,10 centimes par arbre. Il a craint, en parlant de 0,30, 0,40 et même 0,50 centimes par arbre, d'effrayer ceux qui tiennent les cordons de la bourse, et qui devant un chiffre trop élevé se seraient empressés de serrer les dits cordons.

Maintenant que la décision est prise, maintenant qu'elle est approuvée par le Parlement, il n'y a plus à hésiter ; il faut dire aux pouvoirs publics ce qui en est. Il faut leur montrer que dans l'exploitation du chêne-liège, il n'y a pas que l'opération du démasclage, laquelle coûte 0,10 centimes ; il y a aussi l'appropriation du terrain, le débroussaillement, la construction des chemins, des tranchées séparatrices, etc. Il faut leur montrer que si toutes ces opérations ne sont pas exécutées — et le plus tôt possible — tous les calculs de recettes s'envoleront un jour dans les fumées de l'incendie. En les exécutant, au contraire, non seulement les recettes prévues seront assurées, mais encore elles doubleront très probablement. (1)

---

(1) Voici à ce sujet l'opinion d'un industriel forestier, M. Prax, dont l'honnêteté professionnelle et la compétence ne sont contestées par personne. On verra, en dehors des conditions que M. Prax indique pour une véritable exploitation, que cet industriel n'est pas de ceux qui estiment que l'idéal d'une exploitation de forêts de chênes-liège est de laisser sous bois une végétation « exubérante » ainsi que le proposent les spécialistes, dont les idées ont fait le bonheur de la Commission sénatoriale :

. . . .

« Il faudra bien qu'on se persuade, malheureusement trop tard, qu'il y a forêt et forêt, comme il y a homme et homme, et fagot et fagot. Pas plus en Algérie qu'ailleurs, il ne suffit pas de dépenser 10 centimes par arbre pour le démasclage, pour qu'une forêt soit mise en valeur ; pour qu'elle acquière sa valeur réelle, il faut l'exploiter, la cultiver, si j'ose dire, constamment, et la dépense totale s'élève

Puisque cette question des chênes-liège semble avoir retenu l'attention de nos gouvernants, que ceux-ci veuillent bien prendre note de ce que nous leur disons ; et qu'ils n'oublient pas que, pour démontrer l'incapacité de l'Etat, certaines gens ne reculeront devant aucun moyen ; en tous cas, si des mécomptes surviennent, c'est une nouvelle campagne qui recommencera contre l'incapacité — démontrée — du personnel de l'Etat.

« Si l'on pouvait considérer les forêts algériennes comme une réserve confiée à la terre, dont plus tard à coup sûr, l'Etat ou la colonie tirera partie, il serait facile d'attendre patiemment l'époque de la récolte à venir. Malheureusement l'interdiction du pâturage des troupeaux dans les bois a réduit la population riveraine à la misère ; le travail qu'elle pourrait trouver dans l'exploitation des forêts lui manque. Elle traduit son mécontentement et se venge en allumant des incendies qui accomplissent chaque année une œuvre de destruction irréparable. »

Telle est la transition grâce à laquelle le rappor-

---

alors à 50 centimes par arbre ; mais alors aussi cette forêt affranchie de l'aléa des incendies acquerra, *comme partout ailleurs*, une valeur de 2,000 francs l'hectare au lieu de 100 à 200 francs qu'on lui donne aujourd'hui, en Algérie, où l'on estime comme capital ce qui, ailleurs, n'est que le revenu.

» S'imagine-t-on un vigneron persuadé d'avoir mis en rapport un vignoble parce qu'il aurait fiché en terre inculte des boutures qu'il aurait ensuite oubliées là, en attendant qu'elles donnent des raisins ? La plupart de nos forestiers me font ce même effet ; quant à moi, je proteste hautement pour ne pas être confondu avec eux. J'ai sacrifié un gros capital réel de 700,000 francs environ, pour acquérir et créer mes propriétés ; je sacrifie pour les conserver tous mes revenus, tout mon temps, toutes mes forces vives ; je dépense, en débroussaillements et soins d'exploitation, plus de 150,000 francs par an (chantiers de surveillance et secours compris) et je veux qu'on sache que tous ces sacrifices ne sont pas vains, que je peux dormir tranquille lorsque tous mes voisins brûlent, et que dans deux ans, lorsque nos forêts commenceront à produire, nous aurons 300,000 francs de revenu *assuré*, alors que d'autres n'auront plus rien ; il faut qu'on sache que nos forêts vaudront alors 2,000 francs l'hectare au lieu de 200 francs ; et que pour cela nous n'aurons eu d'autre mérite que de savoir sacrifier le présent à l'avenir ; savoir nous priver de nos revenus, de nos jouissances ; avoir recours au crédit au besoin, pour tout employer à assurer, conserver, garantir, consolider notre œuvre. »

teur va tout entier pouvoir enfin se consacrer à l'amélioration du sort de l'indigène, la première partie du rapport n'étant guère qu'un hors-d'œuvre, qu'une entrée en matière pour arriver à l'objectif, au seul objectif du Sénat sur cette terre française.

« Tous les massifs boisés de l'Algérie dont la France a pris possession, étaient peuplés. La population y vivait à l'état pastoral. Le pâturage dans les bois était pour elle l'unique moyen de conserver ses troupeaux sans lesquels elle ne pouvait vivre.

» Jamais, sous la domination des Turcs, on ne lui a interdit le pâturage ; elle pouvait prendre librement le bois pour fabriquer ses grossiers instruments, pour se se chauffer, pour entourer ses gourbis.

» L'étendue des forêts et des broussailles était immense ; leur exploitation était nulle, de sorte que les représentants de l'autorité dominante ne voyaient aucun mal à ce que cette population, d'ailleurs clairsemée, prélevât sur le domaine du souverain ce qui était nécessaire à ses besoins.

» Tel a été, pendant des siècles, le genre de vie de la population forestière du littoral algérien Cette jouissance libre et à peu près illimitée qui a précédé la conquête française a été brusquement interrompue lorsque les forêts ont été annexées au domaine comme propriété de l'Etat. En même temps que l'administration en prenait possession, elle chargeait ses agents de leur appliquer le Code forestier français. »

Ainsi donc le Gouvernement français aurait commis une grande faute, sinon un grand crime, en ne conservant pas religieusement la tolérance des Turcs. Nous estimons, au contraire, qu'il a très sagement agi en intervenant pour empêcher les musulmans de transformer l'Algérie en un pays inhabitable. On trouvera, dans les citations placées en tête de ce travail, un tableau tracé par Elisée Reclus de ce que sont aujourd'hui certaines régions de l'Asie mineure. Fatalement, l'Algérie musulmane serait devenue ce que sont aujourd'hui ces régions. Il ne s'agit pas de simples vues hypothétiques, mais bien de faits qui ne peuvent laisser dans l'esprit aucun doute sur leurs causes originelles ; et comme ces mêmes causes, dans tous les pays du monde, ont produit, produisent et produiront toujours les mêmes effets, il n'y a aucune raison pour supposer que l'Algérie fera exception à la loi générale. (1)

Que les indigènes aient désiré et désirent encore vagabonder dans les forêts, cela n'est pas douteux; que leurs droits acquis soient respectables, nous n'en disconvenons pas. Mais est-ce que le droit à l'existence pour leurs descendants, mais est-ce que l'avenir de la colonisation ne sont pas autrement respectables ?

Oui ou non, l'Algérie sera-t-elle habitable, même pour l'autochtone, si on laisse se continuer le régime actuel de dévastations forestières ? Evidemment, il faut prendre un parti : ou sacrifier à une poignée de nomades les intérêts de la France dans ce pays et ceux des populations musulmanes futures, ou sacrifier les habitants de ces errants à l'intérêt général. L'hésitation est-elle possible un seul instant ? Elle est d'autant moins possible qu'on ne fera, en somme, qu'appliquer à ces populations le droit commun, la loi que l'on a appliquée aux paysans français dès 1669, quand on eût entrevu les désastres que préparaient dans l'avenir la tolérance des mœurs pastorales. Le pasteur indigène fera comme a fait le pasteur français ; il changera ses habitudes. C'est bien assez qu'il ait déjà transformé les Hauts-Plateaux en une région désertique, sans encore lui livrer la seule région de culture qui subsiste, le Tell.

---

(1) Un mot d'explication ici à propos de nos idées sur l'influence des forêts en climatologie, idées que l'on a travesties afin de tenter de nous tuer par le ridicule. On nous a fait dire, en effet, que toutes les lois météorologiques sont, suivant nous, subordonnées à l'existence ou à la non-existence des forêts. Nous n'avons jamais soutenu une semblable théorie. Ce que nous avons dit et affirmé, et ce que nous affirmons encore, c'est que les conditions *locales* météorologiques d'une région sont influencées par la présence ou l'absence des bois. C'est là un fait surabondamment démontré, non seulement par l'exemple des pays rendus stériles par suite de la détérioration du climat qui a suivi la disparition de leurs forêts; mais encore par l'exemple de ceux dont le climat est devenu normal et la terre est devenue féconde, quand on y a fait pousser des forêts, comme à Porto-Rico, à la Réunion, au Cap, à l'Ascension, comme dans les Landes en France.

« Notre honorable Président, dans son rapport sur l'organisation et les attributions du Gouvernement général de l'Algérie, a tracé, à propos du rattachement des forêts, un tableau saisissant des conséquences de l'application du Code forestier français aux forêts algériennes.

» Comme il l'a parfaitement démontré, un grand nombre d'articles du Code français sont inapplicables ou excessifs en Algérie.

» L'usage de la forêt n'est en France qu'un accessoire dans l'existence des riverains forestiers. Presque partout, les coupes de bois régulières, la culture de la terre avoisinante leur offrent du travail et des salaires, tandis que l'indigène algérien, accablé d'amendes, privé de son troupeau saisi, ne sait plus comment vivre ; il va grossir le nombre des vagabonds et des criminels qui ne reculent pas devant les attentats contre les personnes et les propriétés. »

Il a été répondu déjà au tableau saisissant de l'honorable Président de la Commission ; il n'y a donc pas lieu de revenir sur ce point ; nous n'avons qu'à envisager le dernier paragraphe, et notre réponse sera très simple.

L'indigène ne pouvant plus s'adonner exclusivement à ses penchants pastoraux fera comme le paysan français ; il se donnera la peine de fouiller la terre et de la mettre en culture. Et quand, grâce à des mesures efficaces de protèction et de surveillance, les forêts de l'Algérie seront devenues ce qu'elles sont en France, elles ne seront plus, elles aussi, « qu'un accessoire dans l'existence des riverains forestiers. Presque partout, les coupes de bois régulières, la culture de la terre avoisinante leur offriront du travail et des salaires. » Cette solution ne vaudrait-elle pas, par hasard, celle qui est proposée ; et ce qui a été d'un si heureux effet en France serait-il exécrable en Algérie ?

Que le législateur moderne, qui si généreusement dépense sans compter ses trésors de tendresse sur la tête de son pasteur indigène, veuille bien se donner la peine de parcourir les discussions parlementaires qui précédèrent le vote de la loi de 1827. Il y verra que des hommes dont on ne peut suspecter les bons sentiments vis-à-vis du paysan français, n'ont pas donné l'exemple de pareils accès de sensiblerie, quand il a fallu couper le mal dans sa racine. En vérité, les attendrissements et les pleurnicheries d'aujourd'hui en faveur de crasseux fainéants ou d'audacieux industriels sont inexplicables ; il semblerait qu'en Algérie les intérêts des pasteurs méritent seuls le respect, et qu'il s'agit là d'un dogme sacro-saint qui n'admet pas la discussion.

« Une autre question non moins grave au point de vue du service forestier et de ses rapports avec les indigènes se rattache directement à celle que nous traitons.

» Il s'agit de l'annexion successive de terrains couverts uniquement de broussailles et de leur soumission au régime forestier.

» Les bois et forêts du beylik ont été réunis au domaine en vertu des lois de 1851 et de 1863. Mais, en vertu des lois nouvelles votées en 1873 et en 1885, les propriétaires indigènes ont été dépouillés aussi bien de leurs droits de propriété que de leurs droits d'usage, non sur des bois et forêts, mais sur des simples broussailles qui ont été assimilées aux forêts. »

M. Guichard a certainement été induit en erreur par les personnes qui lui ont fourni des renseignements. Les indigènes n'ont pas été dépossédés de leurs droits de propriété sur des forêts pour une bonne raison : c'est qu'ils n'ont jamais eu de pareils droits et qu'ils ne pouvaient en avoir, attendu que de tout temps les forêts ont été la propriété incontestée du *Beylik*.

On a donc pris une mesure parfaitement juste et justifiée en mettant fin aux errements des commissions qui attribuaient des lots de forêts aux indigènes. Elles leur ont malheureusement déjà abandonné 75,000 hectares de forêts ; si la Commission sénatoriale voulait aujourd'hui rechercher les traces de ces 75,000 hectares, elle perdrait entièrement son temps.

Quant aux droits d'usage, les indigènes n'en ont pas été dépossédés ; on les a simplement réglementés, comme on l'a fait pour les pasteurs français. C'est dans ce but spécialement qu'a été votée la loi de 1885.

Enfin, si on refuse aux indigènes des droits de propriété et si on réglemente leurs droits d'usage à propos de simples broussailles, c'est parce que ces broussailles sont presque toutes d'anciennes forêts réduites à cet état par l'incendie, par les pâturages. On ne peut cependant pas, en récompense de leurs hauts faits, attribuer aux indigènes la propriété de ces broussailles !

Voici d'ailleurs l'opinion d'un gouverneur dont tout à l'heure M. Guichard invoquera l'autorité :

« Il faut rechercher avec ardeur le moyen d'activer la reconstitution des forêts immenses qui couvraient autrefois le pays ; mais tout d'abord une chose s'impose AU SUPRÊME DEGRÉ, c'est la conservation et la transformation des boisements *dégradés, broussailleux* et entrecoupés de vides. » — (1882).

Un an avant de prendre l'engagement de livrer à la colonisation 500,000 hectares du domaine forestier, le même Gouverneur disait :

« Dans les montagnes, sur les coteaux, dans les terrains arides, la végétation forestière ou arbustive croît avec une spontanéité, se développe avec une vigueur et se maintient avec une ténacité qui n'ont d'égales que l'énergie des causes de destruction dont elle est menacée depuis des siècles. Il suffirait, le plus souvent, de protéger les *broussailles* contre l'incendie et la dent du bétail pour voir les boisements se reconstituer et exercer leur action bienfaisante sur la climature et l'hydrologie du pays. Les peuplements *les plus dégradés* ne réclament qu'une simple et peu coûteuse opération de recépage pour raviver les souches épuisées et faire surgir les bois de l'avenir. »

Telles sont les raisons pour lesquelles nous croyons, avec M. Tirman, que les broussailles, ou la plupart des broussailles tout au moins, doivent être protégées au même titre que les forêts.

Il est si souvent question des droits d'usage dans le rapport de M. J. Ferry et dans celui de M. Guichard, que nous croyons utile de nous y arrêter un instant.

Nous avons déjà cité, au sujet des abus de pâturage, l'opinion de personnages dont la compétence et l'autorité ont été admises jusqu'à ce jour. A ces témoignages si nets, si affirmatifs, nous n'avons plus qu'à en ajouter un seul, qui les résume en quelque sorte, celui de M. Favart de Langlade.

« Ces usages sont d'une très ancienne origine, et c'est même une des causes qui les ont rendus si nombreux et si nuisibles. Lorsque la France possédait une quantité de bois bien supérieure à sa consommation, les produits forestiers n'ayant qu'un prix médiocre, on multipliait avec facilité des concessions qui n'entraînaient que des dommages pour ainsi dire inaperçus.

En 1669, les abus, dont on sentit alors la gravité, étaient poussés si loin que les sages sévérités de l'ordonnance n'apportèrent qu'un remède *infime et tardif* à des maux trop profondément invétérés.

Ces servitudes dévorantes, comme on les appelle justement, ont continué d'exister, et jamais le danger n'en a été plus grand et plus généralement reconnu qu'à l'époque actuelle, où l'on s'effraie avec raison de la destruction toujours croissante des bois du royaume. ». — Rapport, 12 mars 1827.

Est-ce que telle n'est pas la situation de l'Algérie ?

Veut-on savoir comment M. Tassy, dont on a invoqué l'autorité pour lui prêter, on l'a vu, une opinion qu'il n'avait pas, appréciait les prétendus droits d'usage des indigènes ? «.... Or, ce sont là des pratiques détestables que les législations forestières de tous les pays et de tous les temps proscrivent absolument. Qu'on ait reculé devant la suppression brusque de ces abus, rien de plus sage ; mais qu'on les ait regardés comme des droits, voilà ce qui est absolument fâcheux. Eh quoi ! devrait-il suffire que les indigènes prouvassent qu'ils avaient jusqu'alors fait telle ou telle chose pour qu'on les autorisât à continuer ? On aurait dû alors reconnaître aux Kabyles le droit de piller les navires naufragés, parce qu'il était constant qu'avant notre arrivée chez eux, ils se livraient sans aucun scrupule à cette déprédation. »

Nous ajoutons, puisqu'il est entendu que les habitudes séculaires sont choses sacrées, qu'on devrait permettre aux indigènes de se piller, de se razzier entre eux, comme ils le faisaient tous les jours avant la conquête. Areski, en cherchant bien, pourrait découvrir des papiers qui établiraient ses droits séculaires. L'esclavage était aussi une coutume très goûtée chez les indigènes; il serait cruel de ne pas leur rendre la liberté du trafic de chair humaine. La piraterie était fort en honneur également et ils l'ont exercée pendant des siècles ; il faut alors la rétablir au plus vite et au besoin voter des millions d'indemnités aux braves gens dont on a si brutalement lésé les intérêts. Les grands chefs d'autrefois pressuraient leurs administrés jusqu'à ce qu'ils aient rendu leur dernier boudjou et faisaient couper la tête à ceux qui n'avaient rien. Vite, présentons toutes nos excuses à ces grands seigneurs, et ramenons-les aux beaux jours des temps passés.

Nous nous demandons même si le spectacle de roumis, qui donnent aux musulmans l'exemple du respect de lois différentes de l'Islamisme, ne constitue pas une véritable offense continuelle aux croyances du peuple conquis. Il serait peut-être bon d'examiner s'il n'y aurait pas lieu d'obliger les Français à s'enrôler sous l'étendard du Prophète et de décréter qu'à la prochaine fête de la naissance de Mahomet, tous les roumis seront tenus, sous peine de relégation, d'immoler une partie de leur personne. Ainsi serait enfin résolu le problème de l'assimilation ; et tout irait pour le mieux dans le meilleur des mondes... musulmans.

On enseignait autrefois aux musulmans que rien n'était plus agréable au Prophète qu'une tête de roumi ; et voici qu'aujourd'hui, on les décapite, quand ils se permettent d'assassiner seulement cinq ou six colons. Mais c'est là un criant abus de pouvoir ! c'est la violation du pacte de 1830, lequel avait stipulé le respect absolu de la religion du peuple conquis.

Le Coran enseigne que le premier devoir du musulman est de chasser l'étranger qui occupe le territoire des Croyants. Donc, puisqu'il est entendu, convenu qu'on respectera et la loi du vaincu et ses usages séculaires (l'occupation du Nord de l'Afrique par les musulmans est, à n'en pas douter, un usage séculaire parmi les usages séculaires), il faut être conséquent jusqu'au bout, et décider l'évacuation immédiate de l'Algérie.

« Les Commissions instituées en vertu de la loi de 1873 se sont conformées à ces instructions. Cependant les titres authentiques des propriétés collectives possédées par les tribus n'ont pas été toujours respectés et, dans bien des cas, il n'en a été tenu aucun compte.

» Les membres d'une tribu ayant une jouissance personnelle effective étaient à l'état d'exception, surtout lorsqu'il s'agissait de bois ou de terrains non défrichés. La plus grande partie de ces terrains a donc été déclarée propriété de l'Etat comme biens vacants ; une partie était parfois attribuée aux douars comme bien communal. Mais alors, il se produisait un autre abus. Le Conseil municipal des communes de plein exercice, en vue de créer des ressources à leur budget, mettait en adjudication la jouissance des communaux appartenant aux douars ; ceux-ci, afin de pouvoir faire paître leurs troupeaux, étaient obligés de se rendre adjudicataires ou sous-adjudicataires de la jouissance de leur propriété.

» Voici, à ce sujet, les observations présentées au Conseil supérieur de Gouvernement par M. le Conseiller Rinn :

... « En dépit des circulaires départementales et de la surveillance des Préfets, les communaux de section indigène sont mis en adjudication au profit du budget communal ; le produit en est affecté aux dépenses du village français et l'adjudicataire sous-loue ensuite aux membres indigènes de la section le parcours du communal dont ils sont légalement propriétaires.

» Certes, ce n'est pas là la règle générale, mais le fait se produit assez fréquemment pour qu'on soit en droit de déclarer mauvais ou illégal un décret (du 7 avril 1884) qui ouvre la porte à de pareils abus. »

M. Guichard a une très grande expérience de l'indigène; mais nous ne croyons pas l'offenser en lui disant qu'il lui reste encore à apprendre sur ce sujet. Nous en trouvons la preuve dans le paragraphe ci-dessus. En effet, pour quiconque a vécu auprès des musulmans, ou a simplement lu ce qui a été écrit sur eux, le plus niais d'entre eux, kabyle ou arabe, en remontrera au plus chicanier, au plus processif, au plus retors des Normands. Et c'est lorsqu'ils ont la loi de 1873, laquelle en dehors de nombreux recours administratifs met, en dernier lieu, à leur disposition les tribunaux d'ordre judiciaire, qu'ils se laisseraient tranquillement dépouiller de leurs titres authentiques !

Nous aimerions savoir ce que l'honorable rapporteur entend par titres authentiques. Il ignore très probablement que l'indigène se fait lui-même ou se fait fabriquer un titre authentique avec autant d'aisance et de facilité qu'une amulette; puis qu'il trouve ensuite dix, vingt, cent témoins jurant par Allah et par Mahomet, sur la tête de leurs femmes et de leurs enfants, que leurs papiers sont l'expression de la plus pure des vérités. Que M. Guichard lise donc dans les auteurs la légende de la montagne de Sidi-El-Reiss. Il verra que, même du haut du ciel, Mahomet, avec tous les moyens qu'Allah mettait à sa disposition, n'a pu parvenir à guérir les croyants de cette horrible plaie du mensonge et de la fourberie qui, chez beaucoup d'entre eux, atteint des proportions inimaginables.

Quant à l'accaparement des communaux indigènes par les communes françaises, il n'a aucun rapport avec la loi de 1873. C'est grâce à cette loi que l'Administration a pu attribuer des communaux aux indigènes. Mais le fait que signale M. Guichard n'est autre que l'application du droit commun en matière d'annexion de communes ou de sections. *Dura lex, sed lex.*

Il n'est personne qui soutienne que la chose, pour être légale, n'en est pas moins injuste; mais à qui remonte la responsabilité de telles conséquences ? Cherchez donc ces responsabilités, Messieurs les Sénateurs, au lieu de vous en prendre à quelques municipalités qui, crevant de misère, en sont réduites à recourir à de pareilles ressources.

C'est très facile que de dauber tantôt sur le colon, tantôt sur une administration ; mais, nous vous en prions, tournez-vous un peu du côté de ces providences que l'on nous a envoyées de temps à autre avec mission spéciale de s'occuper surtout des indigènes. Nous vous donnons tout le temps que vous voudrez pour découvrir la moindre proposition en faveur des indigènes. Quant à l'abus que vous signalez, si l'administration supérieure le voulait bien, il ne se présenterait plus ; il n'y aurait qu'à refuser l'autorisation de mise en adjudication.

Au surplus, ainsi que le reconnaît M. Rinn, « *ce n'est pas là la règle générale* ». Si donc la plupart des communes renoncent d'elles-mêmes à bénéficier d'une latitude que leur offre la loi, qu'était-il besoin, dans un document aussi important que le rapport de M. Guichard, de signaler pour le généraliser un fait relativement rare. Nous aurions vu avec plaisir M. le Sénateur ne pas empiéter sur la spécialité de M. Jonnart. Pour notre part, nous n'avons pas à regretter la chose, car elle nous a permis de rétablir la vérité et d'attribuer à qui de droit la responsabilité de ce genre d'abus de la loi.

L'honorable rapporteur reproduit ensuite un rapport du Préfet Firbach au Gouverneur, en 1882. Les propositions ou conclusions de ce rapport sont les suivantes :

« Dégrèvement ou remise partielle des amendes
» excessives infligées aux douars riverains des
» forêts et notamment aux collectivités de la com-
» mune mixte de Téniet-el-Haâd ;

» Notification aux intéressés des avis de paye-
» ments d'amendes par les soins des autorités
» locales chargées d'établir l'identité des délin-
» quants et de leur fournir tous renseignements
» utiles au sujet de leur libération ;

» 3° Ouverture, aussi large que possible, des fo-
» rêts défensables au parcours des troupeaux ;

» 4° Enfin, et c'est le point capital, constitution
» de la propriété indigène dans les territoires con-
» tenant des massifs boisés et, par suite, recon-
» naissance définitive des droits respectifs de l'Etat
» et des indigènes sur ces massifs. Dans le cas où
» la loi du 26 juillet 1873 ne pourrait pas être ap-
» pliquée tout de suite, il y aurait lieu de procéder
» à une délimitation provisoire et au bornage des
» forêts litigieuses. »

« Nous ignorons, ajoute l'honorable rapporteur, la suite donnée aux observations si pressantes et si instructives de M. le Préfet d'Alger. » Il est surprenant que M. Guichard ait rencontré tant de difficultés à être renseigné ; car rien n'était aussi facile que de donner satisfaction à sa très légitime curiosité.

L'administration ayant refusé de répondre, nous prendrons sa place et nous dirons à M. Guichard : les deux dernières propositions n'ont plus de raison d'être, attendu que depuis plus de dix ans les forêts défensables sont ouvertes, *aussi largement que possible,* aux troupeaux indigènes ; attendu, d'une autre part, que les délimitations de forêts sont à peu près terminées dans les trois départements ; nous croyons même qu'elles le sont complètement dans celui d'Alger.

Quant à la deuxième proposition qui consiste à recourir aux Administrateurs de communes mixtes comme intermédiaires entre le service forestier et les délinquants indigènes, l'idée en a été mise en avant depuis longtemps. Mais « l'action parallèle » de la Justice et de l'Administration des communes mixtes a donné de si piètres résultats jusqu'à présent, que l'on attend probablement ceux d'une nouvelle expérience établie sur d'autres bases. Si elle réussit, peut-être ira-t-on plus loin et demandera-t-on aux Administrateurs d'être aussi les auxiliaires des forestiers. Pour notre part, nous ne verrions aucun inconvénient à cela ; mais cependant nous aimerions tout autant voir augmenter le nombre des gardes indigènes, et de façon à ce que chaque garde français fût doublé d'un collègue indigène. Nous pensons qu'il vaut mieux que chacun reste dans ses attributions et dans son métier. C'est parce qu'on ne veut pas organiser, comme elles devraient l'être, la justice et la police, qu'on a eu recours à des fonctionnaires administratifs. C'est aussi parce qu'on se refuse à organiser le service forestier sur des bases normales qu'on songe à augmenter les charges — pourtant suffisamment pesantes — des Administrateurs. Tout cela, c'est de la mauvaise besogne ; et point n'est besoin d'être grand clerc pour prévoir les résultats définitifs.

Quoi qu'il en soit de la solution à trouver sur ce dernier point, l'Administration était à même de renseigner exactement M. Guichard sur la suite donnée au rapport Firbach. Pourquoi a-t-elle jugé à propos de garder le silence? La raison en est qu'il eût fallu raconter l'histoire vraie du Sidi qui était le sujet principal du rapport Firbach. Cette histoire d'une victime des forestiers, l'Administration supérieure la possède — ou plutôt l'a possédée — dans ses archives; mais elle l'a perdue, comme elle perd régulièrement toutes les pièces qui dérangent ses petites combinaisons. C'est ainsi, par exemple, qu'elle ignore complètement ce qu'est devenue une enquête faite, il n'y a pas bien longtemps, sur d'épouvantables exactions forestières commises du côté des Ouled-Anteur. Cette enquête ayant réduit à néant une histoire fantaisiste, inventée par des personnes trop empressées à faire leur cour à la Commission sénatoriale, n'existe plus aujourd'hui; et malgré les recherches les plus minutieuses opérées dans les bureaux du Gouvernement général, on a dû renoncer à en découvrir la moindre trace.

L'honorable M. Guichard appelle ensuite à la rescousse, et toujours à propos du pâturage, le Gouverneur qui, en 1884, prononçait les paroles suivantes devant le Conseil supérieur :

« C'est qu'en effet le pâturage est pour l'arabe une condition d'existence essentielle, puisque l'élevage des troupeaux constitue sa principale ressource. L'article 4 de la loi du 16 juin 1851 a bien réservé au profit des indigènes les droits d'usage dont ils jouissaient antérieurement à la conquête; mais l'exercice de ces droits et notamment celui du pâturage, est subordonné par le Code à des restrictions telles, qu'il est pour ainsi dire impossible aux indigènes d'en profiter sans s'exposer journellement à des procès-verbaux. »

Malheureusement ce Gouverneur qui était animé d'excellentes intentions, a été mis dans l'impossibilité de n'en rien faire par ces maudits rattachements de 1881, que pourtant il avait acceptés puisqu'il était venu en Algérie pour les appliquer; (il en avait, d'ailleurs, fait le plus grand éloge en débarquant). Il aurait encore pu tourner le décret, mais ces sacripants d'assimilateurs ne se sont-ils pas avisés de faire intervenir la Cour de Cassation. Or, voici ce que la Cour a décidé le 23 janvier 1883:

« Que, par le fait même de la conquête, le Code » forestier, comme les autres lois d'intérêt général » de la métropole, est devenu de plein droit, et » sans qu'il fût besoin d'une promulgation spé- » ciale, applicable à l'Algérie ; que les forêts de ce » pays et les droits de l'Etat sur les dites forêts » n'ont pu demeurer sans protection légale et sont » nécessairement régis par les dispositions du » Code forestier tant qu'il n'en aura pas été autre- » trement ordonné ; la réserve consacrée par l'ar- » ticle 4 de la loi du 16 juin 1854, des droits d'usage » régulièrement acquis avant la promulgation de » cette loi, ne peut et ne doit s'appliquer qu'aux » droits eux-mêmes, *et non au mode d'exercice de* » *ces droits*; qu'en effet les mesures restrictives » édictées par le Code forestier, en vue de régle- » menter ce mode d'exercice, ont pour but d'assu- » rer leur conservation et le bon état des forêts; » qu'à ce titre, elles sont d'ordre public et de police » générale applicables en Algérie aussi bien qu'en » France, et nul ne peut être admis à faire valoir » contre elles ni titres ni possessions contraires. »

En épluchant mot par mot et très minutieusement cet arrêt, nous nous demandons ce qu'il a de répréhensible ; à notre humble avis, il est marqué au coin du bon sens, de l'équité et de la justice. Et nous ne pouvons que remercier M. Guichard de nous avoir obligé, en rééditant ce document, à combler la lacune laissée dans le rapport Ferry, lacune qui pouvait donner carrière à toutes les suppositions. Désormais, il n'y en aura plus ; à moins d'un aveuglement systématique, la décision de la Cour suprême est inattaquable aussi bien dans la forme que dans le fond.

Quant à l'opinion du gouverneur de 1884, nous ne pouvons que lui opposer ce que nous avons déjà dit, après tant d'autres, après Tassy notamment, à savoir que le pâturage est le chancre dévorant des forêts.

Ce n'est pas parce que messieurs les indigènes jugent à propos d'avoir le pâturage comme seule corde à leur arc, que nous modifierons notre manière de voir. Encore une fois, qu'ils imitent l'exemple du colon européen qui, lui, trouve bien les moyens de vivre sur une moyenne de trente hectares. Serait-ce trop exiger d'eux que de les mettre en demeure de plier leur échine, de creuser un peu plus leur « maigre » sillon ; s'ils préfèrent gratter la terre avec un bout de bois, fumer la cigarette, le ventre au soleil, pendant que leurs enfants gardent les troupeaux en forêts, et s'en rapporter à Allah pour les débarrasser, eux et leurs troupeaux, de leur crasse et de leur vermine, ce n'est pas au gouvernement français à codifier la fainéantise. Que chaque famille indigène, que chaque douar se livre, comme le colon, à l'élevage de quelques têtes de bétail sur ses terres ; s'il n'a pas assez de terrain, qu'on lui en donne ; qu'on attribue des communaux suffisants aux douars ; cela vaudra mieux que de lui permettre de promener sa tente à travers les forêts.

Nous venons de prononcer le mot de fainéantise ; nous avons à justifier cette expression. Dans le rapport cité du Préfet d'Alger, ce fonctionnaire fait allusion « *aux délinquants de profession.* » Il est bien fâcheux qu'il se soit borné à une simple allusion et qu'il n'ait pas à ce sujet exprimé sa façon de penser.

Pour nous, pour tous ceux qui connaissent tant soit peu le pays, ces délinquants de profession sont légion. Ce sont ceux-là qui font des campagnes en règle dans les forêts de l'État ; ils savent parfaitement ce qui les attend, et acceptent sans dire mot tous les procès-verbaux qu'on leur dresse. Puis la campagne terminée, ils vendent leurs troupeaux, se revêtent de haillons crasseux et vont pleurer auprès des autorités ou auprès des personnages de marque qui sont de passage et qu'ils savent toujours rencontrer. Ils leur racontent les vexations sans nombre des forestiers; et quand ils exposent qu'ils ont pour huit ou dix mille francs d'amende, alors l'autorité ou le personnage en question se révoltent à l'idée qu'on ait frappé d'une façon aussi ridicule un pauvre diable, qui n'a sur lui que des loques et chez lui que quatre ou cinq chèvres. De là, des rapports fulminants, des articles violents de journaux contre le service forestier. L'amende est levée ; et l'arbi entreprend une autre campagne aussi fructueuse.

D'autres fois, c'est un sidi — comme celui du Préfet Firbach, par exemple — qui abuse de sa situation, de ses fonctions ou du prestige que lui a laissé une fonction dont il a été révoqué, pour faire l'opération en grand. Plus il attrape de procès-verbaux, plus il est satisfait. Le moment psychologique venu, il vend ses bêtes ou les cache chez des complices, puis il vient à Alger. Là, il rencontre toujours une âme compatissante qui écoute ses doléances. Avec ce langage imagé dont les indigènes ont seuls le secret, il ne tarde pas à captiver son auditeur; à force d'obséquiosités il en fait un ami. « Ancien serviteur fidèle de la France, il a un fils sous les drapeaux. Son seul désir est de concourir à la grandeur de sa nouvelle patrie. C'est pour elle en somme qu'il travaille, qu'il se donne tant de mal. Et on le traque comme un chien ! » D'aboutissants en aboutissants, il obtient son dégrèvement et quelquefois... la croix.

Voilà les gens qui ont tant ému la Commission sénatoriale. D'une part des paresseux, des buveurs de soleil, comme on les appelle ; d'une autre part des industriels effrontés qui se jouent cyniquement du gouvernement français. Quant au pauvre fellah qui geint et trime à la peine, rongeant son frein en silence, on n'y songe guère ; et pourtant de celui-là, il serait facile de faire un homme.

« La loi du 9 décembre 1885, présentée au Parlement par le Gouvernement, a eu pour effet d'aggraver singulièrement la situation déja faite à de nombreux indigènes.

» L'article premier de la loi dit bien que le Gouvernement

pourra concentrer les droits d'usage par voie de règlement-aménagement, qu'il pourra également affranchir les forêts de l'Etat moyennant un cautionnement, une indemnité en argent, ou une attribution territoriale équivalente au montant de cette indemnité.

» On semblait ainsi reconnaître les droits d'usage rendus précaires depuis longtemps dans presque toutes les forêts ; mais, ensuite, les articles 6 et 12 de la même loi sont ainsi conçus :

» Art. 6. — Les exploitations abusives ou *l'exercice du* » *pâturage (dans les bois appartenant à des particuliers),* » devant avoir pour conséquence d'entraîner la destruction de » tout ou partie des forêts dans lesquelles ils sont pratiqués, » seront assimilés à des défrichements, et par conséquent » donneront lieu, contre les particuliers qui les auront faits, » à l'application des articles 221 et 222 du Code forestier » (amende de 500 francs au moins et de 1,500 francs au plus » par hectare de bois défriché. et obligation de le reboiser).

» Art. 12. — Les dispositions du titre XV du Code forestier » relatives au défrichement des bois des particuliers, et celles » des articles 5, 6 et 8 de la présente loi, sont applicables *aux* » *broussailles* se trouvant :

» 1° Sur le sommet ou sur les pentes de montagnes *ou de* » *coteaux ;*

» 2° Servant à la protection des sources et cours d'eau ;

» 3° Servant à la protection des dunes et des côtes contre » les érosions de la mer et l'envahissement des sables ;

» 4° Nécessaires à la salubrité publique. »

C'est à l'exposé même de la loi de 1835 que nous emprunterons la réponse aux critiques dirigées contre les articles 6 et 12 de cette loi.

» Art. 5 à 10. — Les articles 5 à 10 ont pour but de prévenir et de réprimer les abus de jouissance des propriétaires et les enlèvements frauduleux de produits d'un transport facile, qui se font à leur détriment.

» Ces dispositions ne font que consacrer, en les maintenant toutefois dans les limites qu'impose l'obligation de concilier, dans une juste mesure, l'intérêt public avec le respect dû à la propriété, les errements créés par des décisions antérieures, dont l'étude démontre l'importance extrême que l'on a toujours attachée à ces règles de police.

» Dès les premiers temps de l'occupation, les autorités françaises s'étaient, en effet, préoccupées de mettre un terme aux déprédations des bois et forêts.

» Un arrêté du Général en chef et de l'Intendant civil, en date du 2 avril 1833, défendit (art. 1er) « à tous propriétaires, fermiers, ou colons, européens ou indigènes, d'abattre ou d'arracher, quelle que soit son essence, aucun arbre forestier ou fruitier, en plein bois ou en haie, sans avoir préalablement fait la déclaration et obtenu l'autorisation. »

» L'article 4 exceptait seulement « de l'obligation de la déclaration les arbres renfermés dans les jardins clos et fermés de murs. »

» Un arrêté du 18 juillet 1838 interdit de défricher, arracher ou exploiter en tout ou en partie, les terres ou bois taillis, ou broussailles, dont la contenance excèderait 2 hectares, et de mettre pour quelque cause que ce fût, le feu au bois taillis, haies vives, herbes et végétaux sur pied.

» Furent ensuite successivement prohibés : la coupe ou le colportage de bois vert provenant de l'olivier, par arrêté du 8 avril 1844 ;

» La vente ou le transport sans autorisation des bois atteints par le feu, par arrêté du 23 juillet 1850 ;

» Le colportage et la vente des lièges sans certificat d'origine, par décret du 1er novembre 1861.

» La propriété forestière a donc toujours été soumise, en Algérie, à un régime exceptionnel justifié par l'importance capitale de la conservation des forêts ; mais le maintien de ce régime, basé uniquement sur des actes de l'autorité administrative et modifié d'ailleurs par d'autres actes de cette même autorité, notamment par l'arrêté du Commissaire du Gouvernement du 8 mars 1871, abrogeant celui du 2 avril 1843, relatif à l'abatage des arbres forestiers et fruitiers dans les propriétés particulières, se conciliait difficilement avec la volonté d'assimiler, dans la mesure du possible, l'Algérie à la France et d'y substituer le régime des lois à celui des décrets et des arrêtés.

» Il a paru, en conséquence, nécessaire de faire confirmer par des dispositions législatives, dont l'autorité et la fixité ne pussent plus être mises en doute, les restrictions au droit de propriété ou à la liberté des transactions dont l'utilité était reconnue après l'expérience de plus d'un demi-siècle. »

« Art. 12. — L'article 12 déclare applicable aux broussailles, dans certains cas, le titre XV du Code forestier, relatif au défrichement des bois des particuliers, ainsi que les articles 5, 6 et 8 de la loi proposée pour l'Algérie.

» Dans cet article, comme dans le précédent, le mot « coteau » a été ajouté au mot « montagne » afin de faire cesser les hésitations de la jurisprudence, en indiquant nettement que le législateur veut protéger contre les éboulements tous les terrains situés en pente.

» On a déjà dit que les broussailles ne sont souvent que d'anciennes forêts ruinées ou appauvries en gros bois, mais dont la restauration est possible. Elles occupent de vastes espaces, en sol généralement accidenté, les plaines ayant été livrées à la culture. Même dans leur état actuel de dégradation, il importe de les conserver; elles ont sur l'existence des sources et des cours d'eau, dont le prix en Algérie est inestimable, une influence incontestée. Elles assurent, surtout dans le Sud envahi par les sables du Sahara, la consolidation du sol. Enfin elles concourent puissamment à la salubrité publique. »

« Art. 6. — L'article 6 (1er §) assimile aux défrichements et rend passibles des mêmes peines les exploitations et les faits de pâturages abusifs qui pourraient entraîner la destruction de tout ou partie d'une forêt.

» Le 2e paragraphe dudit article donne au Gouverneur Général le droit de réglementer les conditions de l'exploitation, du colportage, de la vente et de l'exportation des lièges, des écorces à tan, des produits résineux des forêts et des brins destinés à la fabrication des cannes.

» Les abus de jouissance que le 1er paragraphe a pour but de réprimer sont surtout à redouter de la part des indigènes.

» Les bois particuliers proviennent généralement, en Algérie, de deux origines; plus de 150,000 hectares ont été attribués en toute propriété aux anciens concessionnaires de forêts de chênes-liège en exécution du décret du 2 février 1870; plus de

160,000 hectares ont été reconnus melks, c'est-à-dire propriété privée des indigènes, lors de l'application du sénatus-consulte de 1863.

» L'exploitation des forêts de chênes-liège étant plus industrielle qu'agricole, on pouvait déjà craindre que les Européens devenus propriétaires de ces forêts, n'y fissent œuvre de spéculation, en sacrifiant l'avenir des peuplements au désir immodéré d'en tirer la plus grande somme de produits dans le plus bref délai possible ; mais c'est surtout dans les 160,000 hectares de bois abandonnés aux indigènes que des abus de toute sorte se sont produits ; il importe d'autant plus d'y mettre un terme que presque tous ces bois sont situés en montagne.

» Quant aux dispositions du 2e paragraphe, ayant le même objet, mais une portée plus générale que le décret de 1861 qui s'appliquait exclusivement au colportage et à la vente des lièges, il suffit, pour en comprendre la nécessité, de se reporter aux archives commerciales des douanes en Algérie. Elles constatent qu'en une seule année, en 1877, il a été exporté en écorces à tan 19,046,732 kilogrammes et 990,752 kilogrammes en brins propres à la fabrication des cannes (orangers, citronniers et oliviers), dont la plupart proviennent de vols commis la nuit. »

A notre très humble avis, ces appréciations et ces résolutions ont été inspirées par des sentiments d'extrême bienveillance à l'égard des indigènes, en même temps que par des sentiments de prévoyance et par une conception vraie de l'avenir. Tous les termes des passages que nous venons de citer sont pour ainsi dire, à retenir; et nous ne saurions trop engager les impétueux législateurs du moment à s'en bien pénétrer avant de continuer leur campagne. Ce n'est pas par des expédients et en rompant les chiens, qu'on résoudra le grave problème de l'avenir ; ce n'est pas non plus dans les vertus merveilleuses d'une panacée que se trouvera le remède de la déforestation de l'Algérie. Le législateur n'a qu'à mettre à profit les travaux et les enseignements de ses prédécesseurs pour faire une besogne plus utile et plus durable que celle qui est sur le chantier en ce moment.

Pour en terminer avec ce chapitre, nous nous permettrons de demander à M. Guichard pourquoi il a laissé échapper l'occasion qui lui était offerte de diriger une critique, absolument fondée celle-là, contre la loi de 1885. L'objectif principal du législateur était d'en terminer une fois pour toutes avec l'irritante question des droits d'usage; c'est dans ce but qu'il a voté trois moyens différents. Seulement, il n'y en a guère qu'un seul, le cantonnement-aménagement, qui aurait pu être appliqué. Les deux autres, l'indemnité en argent et l'attribution territoriale sont illusoires, attendu qu'on a jusqu'à ce jour oublié de voter des crédits pour l'indemnité; et que, faute d'avoir constitué la propriété indigène, il n'y a pas de terres disponibles à offrir comme échange. Il en résulte que le premier moyen — qui, en raison des grands dangers qu'il présente pour l'autre partie de la forêt désormais affranchie des droits d'usage, ne devait être employé qu'à la dernière extrémité,— s'est trouvé le seul applicable. On comprend parfaitement dès lors que le service forestier ait résisté et ait demandé qn'on ne tire pas seulement de la loi la disposition qui, par suite de l'insuffisance du personnel, aurait sans aucun doute porté le plus grand préjudice aux forêts. Il a donc eu parfaitement raison de s'opposer à une application aussi fantaisiste de la volonté formelle du législateur.

Il en résulte quc cette loi de 1885, excellente dans le fond, est inapplicable et inappliquée. C'est de ce côté-là que nous eussions aimé voir M. Guichard diriger ses critiques et rechercher les causes d'un aussi ridicule avortement.

Le rapporteur montre ensuite l'extension qu'a prise le domaine forestier depuis 1884, et il en paraît surpris. Les raisons de ce développement sont pourtant très simples; cette extension est due d'abord à ce qu'à partir de cette époque — peut-être le rapport Firbach a-t-il été pour quelque chose dans la détermination ? — on a donné à l'administration forestière des ordres et des crédits pour procéder aux délimitations des forêts déjà comprises sur les sommiers de l'administration, mais non encore bornées. Elle est due ensuite à ce qu'on s'est décidé à appeler un agent forestier dans les commissions du Sénatus-Consulte, ce qui a permis de classer les terrains boisés au fur et à mesure des opérations de ces commissions.

« La progression des délits et des procès-verbaux a suivi l'augmentation du territoire attribué à ce domaine. »

Dame ! quoi d'étonnant à cela ? Avant que l'on eût procédé aux délimitations, la moitié au moins des procès-verbaux était annulée par les tribunaux précisément à cause de l'incertitude qui régnait sur les limites des forêts et des propriétés riveraines ; mais il n'en a plus été ainsi, une fois ces délimitations opérées. Il faut ajouter de plus que depuis 1884, le personnel forestier a été sensiblement augmenté, et que par suite la répression a été plus efficace.

« La proportion des Européens frappés par ces procès-verbaux et ces condamnations est à peine de 5 0/0.

» Une remarque à faire, d'après la statistique officielle publiée en 1890, c'est que, sur les 744,356 hectares soumis à la surveillance de l'autorité militaire, il n'a été dressé en 1889 que 262 procès-verbaux dont 2 contre des européens ; les amendes et les condamnations ont atteint le chiffre minime de 5,859 fr. 90, sur lesquels il a été recouvré 5,759 fr. 30. »

Dans les régions forestières, l'élément européen représente certainement à peine 5 0/0 de la population indigène; il n'est donc pas extraordinaire que cet élément soit frappé dans la proportion indiquée par le rapport. D'ailleurs, s'il était prouvé que l'européen tombe moins souvent que l'indigène sous le coup de la loi, cela ne prouverait qu'une chose, c'est qu'il la respecte mieux que son voisin. Quant à la remarque insidieuse de M. Guichard à propos de la gérance du domaine forestier par l'autorité militaire, que l'honorable sénateur nous permette de lui recommander, dans le rapport de M. Tassy, ce que ce fonctionnaire, qui a vu les choses de près, pense de la façon dont les militaires administraient, dans le temps, les biens de l'Etat. Il trouvera dans ce rapport des documents très intéressants, très instructifs ; et il comprendra sans peine pourquoi M. Tassy classait, parmi les premières mesures à prendre d'urgence, la remise des forêts du Sud entre les mains de l'administration civile.

Le militaire dont parle M. Ferry et qui lui a confié ses craintes au sujet d'une formidable insurrection prochaine, appartient probablement à l'époque où M. Tassy faisait son enquête. A cette époque, en effet, on disait déjà que vouloir appliquer le code forestier, c'était vouloir pousser les indigènes à la révolte. La prophétie ne s'étant pas accomplie, on la renouvela à propos du rattachement des indigènes du Tell au territoire civil en 1881 ; elle n'eût pas plus de succès à ce moment.

Veut-on savoir comment en 1872 l'autorité militaire comprenait la gestion des forêts de l'Etat ? En voici un exemple : les indigènes avaient alors à payer leur contribution de guerre. Mais ils étaient si malheureux que les officiers du bureau arabe durent reconnaître que leurs administrés étaient dans l'impossibilité de s'acquitter. Il était tout indiqué de renoncer aux contributions. Point ! on permit aux indigènes d'aller rançonner les forêts du domaine national, afin de leur permettre d'apporter au Trésor le produit de la vente à vil prix de matériaux d'une richesse considérable.

Il est de bon goût en ce moment d'opposer ce qui se passe en territoire militaire à ce qui se passe en territoire civil, notamment au point de vue forestier. Or, voici sur la situation des renseignements que nous empruntons à la Commission chargée d'élaborer un Code forestier spécial à l'Algérie :

« *M. Charlemagne.* — Les indigènes y (sur les

Hauts-Plateaux) étendent peu à peu leurs cultures aux dépens de boisements, et les parties défrichées ne s'y reboisent que difficilement. La province de Constantine compte près de 400 mille hectares de forêts attaquées dans ces conditions. Or, en raison de leur situation, il est certain que les boisements exercent une très grande influence sur le régime des eaux ; leur conservation intéresse donc à un très haut degré la prospérité de la colonie... »

« *M. Colas* dit que les grandes étendues boisées que l'on trouve dans ce cercle (de Djelfa) tendent à se dépeupler peu à peu à cause des pratiques des indigènes qui y habitent... »

M. le Président. — Là (sur les Hauts-Plateaux et les versants sahariens) à l'inverse de ce qui se produit dans le Tell, les forêts ne se composent que de vieux matériel ; soit par suite du peu d'activité de la végétation, soit qu'ils aient à supporter un excès de pâturage, ces boisements ne se reconstituent pas et sont menacés de ruine définitive. »

Il faudra donc remiser désormais au matériel de réforme cette autre légende de l'exemple donné par l'autorité militaire en matière de gestion forestière.

« On se plaint que le personnel forestier n'est pas assez nombreux ; les plaintes auraient dû porter sur le genre de service dont on a surchargé ce personnel, en l'employant non pas à la garde et à la mise en valeur des bois et des forêts, mais à la police d'une étendue de terrains augmentant sans cesse, et dont il n'aura jamais aucun parti à tirer.

» L'Algérie est divisée en 44 cantonnements forestiers ; si l'on répartit entre eux les 12,000 procès-verbaux dressés en moyenne pendant ces dernières années, on trouve que chaque chef de cantonnement est saisi de 272 affaires, entraînant des poursuites, des offres de transaction, des citations devant les tribunaux, des réquisitoires, des significations de jugement, etc. On se demande comment des chefs de cantonnement aussi occupés peuvent avoir du temps à consacrer à leurs attributions de forestiers.

» Si l'on calcule d'autre part que chacun de ces 12,000 procès-verbaux oblige les gardes à porter dans les douars à une distance moyenne de 15 kilomètres de leur demeure, pour chaque procès, jusqu'à trois et quatre assignations et significations, qu'ils doivent en outre aller prendre, chaque fois, les ordres de leurs chefs dont les bureaux sont également à une grande distance des maisons forestières, on arrive à un chiffre fantastique de kilomètres parcourus, à un minimum de 1,500,000 kilomètres, soit pour 500 gardes 3,000 kilomètres à faire par an, uniquement pour assurer la procédure résultant des procès-verbaux.

» Dans ces conditions, on peut trouver que le personnel est insuffisant ; mais on doit ajouter qu'il est mal utilisé. »

On se plaint de l'insuffisance numérique du personnel forestier, dit M. Guichard. Est-ce qu'à son avis ces plaintes seraient sans fondement ? Il n'ignore cependant pas que l'effectif forestier est réduit aux plus infimes proportions, puisqu'il en cite les chiffres au commencement de son rapport. N'insistons pas, et passons au calcul auquel s'est livré l'honorable sénateur.

Nous pensons que c'est là simplement une boutade ; et si nous n'avions pas craint qu'elle ne fût prise au sérieux par quelques-uns de ses collègues, nous nous serions contenté d'en rire avec son auteur ; mais comme il faut tout prévoir, nous devons dire qu'il n'y a rien de surprenant à ce que chaque chef de cantonnement dresse 272 procès-verbaux par an, et que le garde n'a nullement besoin de parcourir 3,000 kilomètres pour le règlement de toutes ces affaires. Dans chacune de leurs tournées, les préposés forestiers n'ont qu'à verbaliser, pour ainsi dire, à jet continu. Chaque fois qu'ils entrent en forêt, c'est par bandes qu'ils rencontrent des délinquants ; les uns font du bois, les autres ont allumé du feu, ceux-ci écorcent les arbres, ceux-là ont des troupeaux, etc., etc. C'est dix, quinze, vingt procès-verbaux qu'ils dressent à la fois pour des personnes différentes et pour des délits différents. A quinze ou vingt par tournée, il ne faut pas beaucoup de ces tournées pour arriver à 172. Quant aux assignations et significations, elles se font par brassées et sur les mêmes points à la fois; et, pendant ces significations, le garde trouve encore d'aussi nombreuses occasions de verbaliser.

M. Guichard reproche ensuite au service forestier de mal employer ainsi son temps, temps qui serait mieux utilisé à « tirer parti » du domaine forestier; il se demande comment il peut s'acquitter de ses autres attributions. Mais de quelles autres attributions pourrait-il bien s'occuper ? Qu'on nous indique donc où sont les fonds avec lesquels il débroussaillerait les forêts, construirait des chemins avec lesquels enfin il tirerait parti du domaine. C'est très piquant que d'asticoter ainsi les gens; mais encore faut-il que la critique s'appuie sur un semblant de raison.

Comment ! voici un personnel que l'on réduit, en lui refusant impitoyablement tous crédits, à se consacrer à une seule de ses attributions; et on le vilipende parce qu'il remplit consciencieusement cette unique attribution. Mais, nous n'avons pas à revenir encore sur ce sujet; nous croyons nous en être déjà suffisamment expliqué, et à différentes reprises.

M. Guichard cite le fait de propriétaires magnanimes repoussant de leurs forêts les gardes qui y venaient verbaliser contre des indigènes. Que n'a-t-il raconté l'histoire tout entière ? Ces purs, ces généreux qui s'indignent de la cruauté des forestiers, et qui ont fourni à la Commission des renseignements aussi précieux qu'erronés, ne voulaient-ils pas *louer* à des indigènes le droit de pâturage dans leurs forêts, droit enlevé à d'anciens usagers à la suite d'incendies. Ils admettent parfaitement que la loi interdise le pâturage sur le territoire d'une forêt brûlée et prive les usagers de leurs droits; mais ils considèrent comme un déni de justice que le service forestier les empêche de trafiquer de cette interdiction et de louer les terrains incendiés à d'autres personnes. Que la Commission veuille bien méditer ces faits et apprécie enfin la grandeur d'âme de ces philanthropes !

M. le Rapporteur préconise l'adjonction à chaque garde français d'un garde arabe ou kabyle.

Nous sommes aussi de cet avis; nous avons dit pourquoi plus haut. C'est là d'ailleurs aussi l'avis de l'administration forestière, qui a déjà fait nommer 182 gardes indigènes à côté des 374 gardes français. Il est probable que si on mettait à sa disposition les crédits nécessaires, elle s'empresserait de donner satisfaction à M. le Sénateur; et celui-ci n'aura qu'à se rappeler sa propre proposition au moment du vote du budget.

M. Guichard propose en outre :

« De créer, à Alger, sous la direction du Conservateur, un institut forestier algérien où les fonctionnaires venant de France auront à suivre pendant six mois des cours sur la culture des chênes-liège, sur le repeuplement, le reboisement, et sur les connaissances indispensables à l'exercice de leurs fonctions en Algérie ; — où les gardes seront mis au courant des premières notions de la langue arabe et recevront les instructions générales sur la conduite qu'ils auront à tenir envers les indigènes, avant d'être placés au milieu de populations dont la langue, les mœurs et les usages leur sont totalement inconnus. »

Cet institut nous paraît inutile, au moins en ce qui concerne les fonctionnaires; car, quoi qu'en disent MM. J. Ferry et Bertagna, on apprend à l'Ecole de Nancy aussi bien la culture du chêne-liège que les connaissances nécessaires au repeuplement, au reboisement, etc. etc. S'il est quelques détails qui restent à apprendre aux agents sortant de l'Ecole, on nous accordera bien que ces agents ont assez d'intelligence, d'aptitudes et de bon vouloir pour être mis au courant en quelques jours par leurs chefs hiérarchiques, qui les ont précédés ici. Mais nous admettrions volontiers, et la Ligue l'a proposée depuis longtemps, une petite école préparatoire installée près d'Alger, où les gardes nouvellement promus seraient initiés à leur nouveau métier. Deux ou trois mois au plus suffiraient pour leur donner une instruction élémentaire, qui se complètera si on a le soin de les faire débuter en compagnie d'un ancien. Quant à leur faire apprendre l'arabe, nous nous étonnons qu'un homme d'expérience, comme l'honorable sénateur, ait pu supposer qu'on apprenait une langue, même sommairement, dans une école officielle.

Le Conseil supérieur de l'Algérie avait énergiquement réclamé le déclassement de 500,000 hectares du domaine forestier. M. le sénateur Guichard retrace les péripéties de cette campagne, à la tête de laquelle marchait le même gouverneur qui avait solennellement juré de ne céder ni une borne des forêts, ni un pouce de terrain broussailleux.

Nous regrettons que M. le Rapporteur n'ait pas consigné les résultats de cette campagne menée avec tant de fracas, puisque ces résultats sont officiellement connus depuis deux ans. A son défaut, nous allons les donner : Après avoir, pendant des mois battu les monts et les vallées, les enquêteurs n'ont pu retrouver que 42,000 hectares sur les 500,000 annoncés si bruyamment ; et encore sur ces 42,000, il n'y en a guère que 7,000 qui ne soient pas contestés par le service forestier. Puis, il est probable que lorsqu'on examinera d'un peu près la nature de ces terrains, on s'apercevra qu'ils sont impropres à toute culture.

C'est déjà bien curieux, ce piètre résultat ! Mais ce qui ajoute à la bizarrerie de cette histoire c'est que les départements d'Alger et de Constantine, les deux les plus boisés, sont ceux qui fournissent le moins d'hectares : 3,500 Alger (1), 4,500 Constantine. En revanche, le département d'Oran, qui est à peu près pelé, sauf dans trois ou quatre régions peu étendues, offre plus de 34,000 hectares....

Nous sommes bien aise de montrer aux personnes qui s'intéressent à nous comment, sous la haute direction des Deys d'Alger, on fait de bonne administration. Ajoutons que cette comédie du déclassement des 500,000 hectares a coûté une soixantaine de mille francs à l'Etat.

M. Guichard, cherchant un appui dans les assem-

(1) Sur ces 3,500, le service forestier en conteste 2,251.

blées départementales de l'Algérie, reproduit les considérants d'un vœu déposé par M. Broussais et qui aurait été voté par le Conseil Général d'Alger.

La personne qui a relevé, dans le volume des comptes-rendus du Conseil Général, le vœu en question n'a certainement pas vu, dans le procès-verbal de la même séance, le vote du renouvellement d'une autre proposition déposée l'année précédente par M. Trolard, et qui ne concordait pas du tout avec celle de M. Broussais. Cet oubli, involontaire sans doute, est regrettable. Non moins regrettable est la façon d'écrire l'histoire; généralement on attache une certaine importance au vote de l'assemblée qui a à se prononcer sur une proposition; aussi nous est-il bien difficile de croire que c'est par inadvertance que l'on a omis de mentionner la suite donnée par le Conseil à la proposition de M. Broussais.

Disons alors qu'elle ne fut pas adoptée; une commission fut nommée pour étude complète de la question forestière.

Voici, d'après le procès-verbal quelle fut la suite donnée à cette décision :

« *M. Trolard* rappelle que dans sa séance du 19 avril dernier, le Conseil Général a nommé une Commission de cinq membres pour l'étude générale de la question forestière en Algérie. Membre de cette commission, il a déposé un dire qui, annexé au procès-verbal de la séance du 18 août 1888 a été imprimé et distribué à chacun des membres du Conseil. En voici la conclusion sous forme de vœu :

« Considérant que l'avenir de la colonisation est intimement lié à un régime normal de boisement;

» Considérant qu'il y a de très grandes probabilités pour que les revenus des forêts restaurées et convenablement aménagées atteignent au moins les revenus actuels des forêts domaniales de la Métropole,

» Le Conseil Général émet le vœu que des commissions spéciales soient chargées d'établir le périmètre définitif des forêts, leur classement ou leur déclassement, leurs revenus actuels et leurs revenus probables dans l'avenir, le devis aussi exact que possible des travaux à exécuter, maisons forestières, chemins forestiers, barrages, etc.

» Et demande au Parlement le vote d'un crédit de 180,000 fr. à répartir en trois années, pour assurer le fonctionnement de ces commissions. »

M. Trolard prie le Conseil d'adopter ce vœu.

Mis aux voix, il est adopté sans débat. (Séance du 30 octobre 1888).

Puisque M. Guichard tenait à consigner dans son rapport l'opinion du Conseil Général d'Alger, que n'a-t-il donné des ordres à ses collaborateurs d'avoir à compulser attentivement les volumes des délibérations de cette assemblée ? On aurait dès lors pu lui montrer, par exemple, le procès-verbal dont nous avons reproduit un extrait dans nos citations du préambule.

Il est très fâcheux que des collaborateurs malhabiles ou peu scrupuleux aient induit M. Guichard en erreur, et l'aient amené à s'appuyer sur une assemblée qui ne partage pas ses idées.

« M. le Conseiller Bertagna, dans un remarquable rapport, après avoir critiqué l'assimilation du régime forestier d'Algérie à celui de France, ajoute : « Les besoins des populations, » leurs mœurs, leurs usages, le climat, la végétation (1) tout, » en un mot, se présente ici dans des conditions différentes de » la mère-patrie...

» L'Algérie, avec sa population indigène et son climat particulier, a pour principal caractère d'être un pays d'agri- » culture pastorale et de transhumance (2).

«.... Vainement essaierait-on de soutenir que le pâturage » en forêt, sagement et méthodiquement réglementé, serait la » ruine des massifs. La plupart des grands propriétaires de » forêts de chênes-liège, soucieux cependant au même titre que » l'Etat de la conservation de leur bien, n'hésitent pas à faire

(1) Et le règne minéral donc ? vous l'avec oublié, M. Bertagna !

(2) Et de Conseil supérieur.

» pénétrer le bétail dans les bois pour y faire contre-poids à » l'exubérance de la végétation broussailleuse et herbacée et » diminuer d'autant les risques d'incendies (1).

» Nous estimons donc que le seul, l'unique moyen de tirer » un parti de ce domaine forestier composé d'essences autres » que le chêne-liège, et qui s'étend sur une surface de » 1,750,000 hectares, serait de livrer au pâturage le sol de » ces forêts, soit que le parcours soit amodié en raison de son » étendue et de sa durée, soit qu'une taxe sous forme d'achaba » soit perçue par tête de bétail par mois ou par année....

» Toute l'exploitation de ces forêts doit, à notre avis se ré» sumer dans un aménagement spécial ayant pour objectif la » nature estivale et le parcours des troupeaux ». (2)

Nous avons voulu ajouter notre publicité à celle que le rapport de M. le Sénateur Guichard vient de donner à ces remarquables passages d'un rapport de M. Bertagna.

De telles paroles ne doivent pas être perdues pour la postérité ; nous les lui livrons avec toute la pieuse déférence qu'elles méritent, et sans autres commentaires que ceux qui sont consignés au bas de la page !

« Comment concilier, par exemple, l'article 70 du Code forestier avec les nécessités de la transhumance des moutons amenés des Hauts-Plateaux et destinés à l'approvisionnement français ?

» L'article 70 est ainsi conçu :

---

(1) Des propriétaires de forêts de chêne-liège qui laissent pousser dans leurs bois une exubérante végétation broussailleuse, c'est du propre ! L'aveu est à retenir néanmoins ; il montrera à nos gouvernants qu'en Algérie on a trouvé mieux que l'art d'élever des lapins et de s'en faire 6,000 livres de rente, grâce à la responsabilité collective.

(2) C'est le cas, ou jamais de dire qu'après cette phrase monumentale, il n'y a plus qu'à tirer l'échelle ! Voit-on les forêts ordinaires aménagées comme le sont certaines forêts de chênes-liège, dont les propriétaires sont intelligents, honnêtes et possèdent des capitaux ? Voit-on l'Etat dépensant 4 ou 500 francs par hectare ? Cette perle qui nous vient de Bône mérite d'être déposée parmi les joyaux de la couronne du Dey d'Alger.

» Les usagers ne pourront jouir de leurs droits de pâturage » et de pacage que pour les bestiaux à leur propre usage, et » non pour ceux *dont ils feront commerce*, à peine d'une » amende double de celle qui est prononcée par l'art. 199. »

» Ledit article n'en est pas moins rigoureusement appliqué. Nous avons été témoin, pendant notre mission, en avril dernier, d'un procès fait par le garde forestier qui nous accompagnait à un berger dont le troupeau, composé de 250 à 300 moutons, venait du Sud. Il pâturait, non dans la forêt de haute futaie dont nous sortions, mais à plus de 50 mètres de la lisière, dans une vaste prairie, dépendance de la forêt sans doute, et dont l'herbe plantureuse eût été perdue certainement, sans profit pour personne, puisqu'elle n'était pas louée. Le garde, ancien soldat, accomplissait militairement les instructions de ses chefs. C'est le cinquième procès, nous a-t-il dit, qu'il faisait depuis un mois au même berger. Ce dernier était armé d'une carabine fraîchement amorcée et chargée à balle. Le prédécesseur immédiat du garde avait été assassiné dans ces mêmes parages, absolument déserts.

» Ainsi, au lendemain de la mission ordonnée par le Ministre de l'Agriculture, en vue de l'importation des moutons algériens en France, quelques mois après les vœux exprimés par le Conseil supérieur, voilà ce qui se passait dans la conservation d'Alger.

» N'est-il pas temps de mettre la législation en rapport avec les intérêts généraux d'un pays si bien caractérisé « pays d'agriculture pastorale et de transhumance » ?

L'honorable Sénateur trouve exorbitant que la loi refuse aux usagers, c'est-à-dire à des gens qui en réalité ne jouissent que d'une simple tolérance, de profiter de cette bienveillante tolérance pour faire du commerce. Le législateur a voulu en somme assurer l'existence de ces gens et non pas leur permettre de faire de la spéculation. Il va sans dire, et jamais aucun forestier ne l'a entendu autrement, que cette restriction de la loi n'empêche pas l'usager de vendre les quelques têtes de bétail qu'il possède ; seulement il était indispensable d'être assuré de ce texte pour couper court aux opérations des *délinquants de profession*.

Quant aux troupeaux de grand élevage qui viennent du Sud et qui appartiennent à des industriels, pourquoi leur liverait-on les forêts de l'Etat ?

Pourquoi le garde, dont parle M. Guichard, aurait-il toléré le pâturage dans cette prairie à herbe plantureuse? Elle n'était pas louée. Eh bien ! le pasteur en question n'avait qu'à la louer, puisqu'il savait où elle était et combien elle était à sa convenance. Mais non ! ces braves nomades, au nom des droits imprescriptibles qui régissent « les pays d'agriculture pastorale et de transhumance » préfèrent ne rien louer du tout et prendre le plus possible. « Cette malle n'est à personne : donc elle est à nous. »

Dans le paragraphe que nous analysons, se trouve un détail sur lequel nous nous permettons d'appeler l'attention des collègues de M. Guichard. « Ce dernier (ce berger) était armé d'une carabine fraîchement amorcée et chargée à balle. Le prédécesseur immédiat du garde avait été assassiné dans ces mêmes parages, absolument déserts. » Voilà un tableau qui contraste quelque peu avec celui de M. Ferry. Ce berger ne nous paraît pas être précisément un de ces 800,000 agenouillés tremblants, que le Président de la Commission a vus, de ses yeux vus, ce qui s'appelle vus.

On remarquera que ce qui préoccupe la Commission, ce n'est pas le sort réservé au garde qui succombera comme son prédécesseur ; non, c'est celui de ce chérubin armé d'une carabine chargée à balle. Un peu plus, on lui enverrait des fleurs, des éventails, des cigares comme au toréador.

Vraiment cela dépasse les limites de la raison et nous sentons notre tête craquer quand nous lisons de pareilles choses. Eh quoi ! Voici un champ qui a un propriétaire, et le berger le sait fort bien. Il n'a aucun droit au pâturage, puisqu'il n'est pas de la région ; il vient du Sud. Ce n'est pas un misérable, c'est le berger d'un troupeau de 300 moutons. Il sait pertinemment qu'il va commettre un délit en entrant dans ce champ avec son troupeau, puisqu'il s'est armé pour y pénétrer de force. Eh bien ! il ira quand même ; et il glissera une balle dans sa carabine pour appuyer ses droits à la transhumance !

M. le Rapporteur s'occupe de la mission Viger; nous ne voyons pas à quel titre, car M. Viger dans son rapport n'incrimine nullement le service forestier. On a vu plus haut ce que dit M. Viger. L'honorable Sénateur n'en croit pas moins devoir tirer de ce rapport une accusation formelle contre le service forestier « Il est incontestable que si l'élevage a fait si peu de progrès, la faute en est au régime forestier. »

« Ce qui est désirable, c'est qu'en Algérie où il n'existe pas de jeunes forêts, puisque depuis un temps immémorial, il n'y a pas une haute futaie qui ait été coupée et exploitée, l'interdiction du parcours ne soit pas la règle presque générale. »

Nous pensons qu'il y a eu transposition de textes dans l'impression du rapport de M. Guichard. Ce paragraphe appartient évidemment à M. Bertagna ; comme pour les autres, nous avons tenu à lui donner le concours de notre publicité. On ne saurait trop faire connaître qu'en Algérie il n'y a pas de jeunes forêts, même après les incendies. De plus, il est bon de vulgariser ce nouveau moyen d'avoir de jeunes forêts, quand on n'en a pas.

« Il est permis de penser que si le service forestier avait eu une organisation plus spécialement algérienne, une partie des réformes qui sont réclamées actuellement seraient accomplies depuis longtemps.

» L'administration forestière, ayant son siège à Paris, n'était pas en mesure de prendre l'initiative de ces réformes, pour plusieurs motifs, dont un des principaux est le changement répété des titulaires de la direction.

» Nous aimons à reconnaître que le service chargé de la question du démasclage des lièges a fonctionné avec persévérance et succès, et que les crédits obtenus au Parlement par le Ministère de l'Agriculture ont fait avancer à grands pas l'époque où l'exploitation des lièges deviendra fructueuse. »

Il y a un instant, M. Guichard reprochait amèrement aux forestiers de ne se consacrer à aucune de leurs attributions, si ce n'est à celle de la répression. Il est maintenant obligé de reconnaître qu'ils ont su utiliser le peu qu'on leur a donné pour exploiter le chêne-liège ; il aurait pu ajouter que c'était sur leurs instantes sollicitations, appuyées par les Bureaux parisiens, qu'on leur avait accordé ce peu d'argent. De la seule expérience qui ait été tentée et qui ait réussi, l'honorable sénateur n'en conclut pas moins à l'incompétence de l'administration centrale ; l'incompétence de l'administration locale a été largement démontrée plus haut ; il n'est plus besoin d'y revenir.

Nous nous creusons en vain la tête pour comprendre ce que c'est qu'une « organisation algérienne. » Il paraît que toutes les autres administrations, la Justice, le Domaine, les Postes, l'Instruction publique ont une organisation algérienne ; que seul le service forestier fait exception. Incorrigible, ce service ! Malgré ce vice rédhibitoire, il n'en a pas moins mérité les éloges de la Commission sénatoriale pour ses opérations de démasclage.

La Commission n'est pas aussi généreuse pour l'administration forestière qui « a son siège à Paris » au lieu de l'avoir à Alger. Tout lui serait pardonné cependant, si elle voulait transporter une partie de ses meubles dans les bureaux du Gouvernement général.

Parmi « les plusieurs motifs » qu'elle connaît, mais qu'elle ne veut pas révéler, la Commission invoque pour taxer d'incompétence algérienne les Bureaux parisiens, il en est un qui pour elle est d'ordre éminemment supérieur : il y a des changements répétés parmi les titulaires de la Direction. Mais alors que pensera-t-elle des changements continuels des gouverneurs généraux ? — un tous les quatre ans. — Elle voudra bien remarquer aussi que dans les bureaux d'une administration, il y a toujours une ligne de conduite, un esprit de suite, des traditions ; le choix du titulaire n'a d'influence que sur la bonne expédition des affaires, la discipline, l'entraînement du personnel. Il peut donc être changé aussi souvent qu'on le voudra ; il n'y aura jamais ni interruption, ni désarroi dans la marche des affaires. Il n'en est pas de même à chaque avènement de gouverneur. Un gouverneur qui se respecte et qui a conscience de la haute mission dont il vient d'être investi, ne peut décemment pas monter sur le trône, sans montrer que le besoin d'un nouveau titulaire, apportant de nouvelles idées, se faisait vivement sentir. De là des bouleversements à chaque nomination d'un Dey.

« Mais le repeuplement des chênes-liège, dans les terrains propices, n'a pas pris l'extension proportionnée à l'importance de cette culture. Il en est de même du reboisement, si nécessaire au régime des eaux et à l'état atmosphérique du pays.

» Les sommets des montagnes attendent le peuplement des cèdres et de certaines essences de chênes acclimatés aux altitudes élevées. Sur les dunes et les parties sablonneuses, les semis de pins maritimes sont généralement réclamés.

» Le long des cours d'eau et des routes, les caroubiers, les eucalyptus et autres arbres utiles, devraient former de longs rideaux de verdure qui entretiendraient la fraîcheur des plaines pendant les mois d'été, et pourraient sauver les récoltes aux jours de siroco.

» N'appartient-il pas aux forestiers de prendre activement la direction de ces plantations? Elles sont si intéressantes pour les Algériens qu'ils ont fondé entre eux une ligue de reboisement qui compte de nombreux adhérents.

» Il aurait fallu multiplier les pépinières pour préparer tous ces travaux, et pour essayer l'acclimatation de nouvelles essences. On reste confondu en voyant les crédits insignifiants affectés dans les budgets passés à cette partie si importante du service. En 1889, 20,000 francs ; en 1890, 22,000 francs ont été consacrés au repeuplement, aux semis et aux pépinières pour toute l'Algérie ! C'est seulement en 1891 et en 1892 que les crédits ont été doublés ; pour 1893, une nouvelle augmentation est proposée. »

On a vu plus haut le brillant programme tracé aux forestiers de l'Algérie par un Ministre de l'Agriculture ; celui de M. Guichard est aussi large. Pour atteindre la perfection, il ne lui manque que de recommander aux forestiers d'avoir à réaliser de grandes économies sur les deux centimes qu'on leur accorde par hectare. L'idéal serait même de ne pas y toucher du tout et de les rapporter chaque année à la caisse. Au prochain vote du budget au Sénat, on pourrait arriver à réaliser cet idéal.

Constatons cependant que l'honorable sénateur reste « confondu » devant les crédits insignifiants votés par le Parlement. Le coupable, le vrai coupable, le seul coupable n'en est pas moins le service forestier à qui il « appartenait de prendre activement la direction des plantations. »

Ayant suivi pas à pas l'honorable sénateur dans son rapport, nous n'entreprendrons pas la réfutation de son résumé, qui conclut à charger le service forestier de l'Algérie de tous les maux que subit l'indigène et de tous les péchés de l'Administration supérieure ou des complices de celle-ci dans le Parlement. C'est chose entendue, jugée ! Nous voulons cependant relever une phrase de ce résumé ; cette phrase est la suivante :

« Indépendant du Gouvernement général, il (le service forestier) n'a pas obtenu le concours qui lui était nécessaire pour créer des voies de communication indispensables à l'exploitation des forêts. »

Ainsi, c'est parce que le service forestier n'était pas sous la coupe directe du Gouvernement général, que celui-ci lui a refusé son concours et l'a mis dans une situation telle, que bien des personnages publics se sont crus autorisés à le prendre comme cible de leurs plaisanteries, de leurs sarcasmes et de leurs objurgations, à en faire le bouc émissaire chargé des péchés d'Israël. Si encore il ne s'agissait que de discréditer toute une administration, cela ne serait que profondément regrettable de la part d'hommes publics, qui doivent donner l'exemple du respect envers des fonctionnaires irréprochables ; mais cette tactique odieuse a été jusqu'à compromettre gravement, très gravement, l'occupation française en Algérie. N'est-ce pas monstrueux ? En des temps ordinaires, de pareils aveux conduiraient les coupables devant le tribunal chargé de juger les crimes de haute trahison !

Comment, en effet, appeler d'un autre nom la conduite de ces administrateurs et de ces législateurs ligués pour faire tomber les propositions du service forestier, uniquement parce qu'elles nepassent pas par les bureaux du Gouvernement Général ? Que la Commission sénatoriale n'arguë pas qu'elle ignore ces propositions, car ce serait rereconnaître qu'elle n'a pas pris le soin de se les faire présenter. En admettant même qu'elle ait commis une telle négligence, elle ne peut dire qu'elle ignore le rapport Tassy, puisque son président en a parlé.

En tous cas, si nous nous sommes mépris sur le sens exact à donner aux lignes que nous incriminons, c'est alors la carte forcée C'est une mise en demeure adressée à l'administration forestière d'avoir à se plier, à prendre rang parmi les administrations soumises, soumises au bon vouloir des pouvoirs forts rêvés. Si c'est ainsi qu'il faut comprendre l'aveu échappé à un des membres de la Commission sénatoriale, c'est tout simplement odieux !

Est-ce que le régime dit parlementaire voudrait, par hasard, nous faire regretter le régime du bon plaisir qui avait, au moins, le mérite d'aller droit au but?

La principale des conclusions de l'honorable M. Guichard est qu'il faut à l'Algérie un code forestier spécial. A plusieurs reprises déjà, nous avons exprimé notre façon de voir à ce sujet ; il nous y faut revenir en présence de la proposition ferme du rapporteur.

Comme il est évident que le législateur moderne a négligé de s'éclairer sur les origines du Code forestier, nous allons lui mettre sous les yeux quelques extraits des comptes-rendus de la Chambre des Pairs, en 1827.

« Pénétrés de cette vérité, les législateurs de tous les âges ont fait de la conservation des forêts l'objet de leur sollicitude particulière. Malheureusement, les intérêts privés, c'est-à-dire, ceux dont l'action directe et immédiate se fait sentir avec le plus de puissance et d'empire, sont fréquemment en opposition avec ce grand intérêt du pays, et les lois qui les protègent sont trop souvent impuissantes... »

« Les règles qu'ils traçaient étaient sévères ; mais cette sévérité était devenue une nécessité absolue et l'expérience l'a longtemps justifiée. Quelques-unes des dispositions adoptées étaient trop restrictives de l'exercice de droit de la propriété ; mais, à l'époque où elles furent publiées, il était permis au Gouvernement de croire qu'il servait l'intérêt des particuliers eux-mêmes, en les astreignant à profiter des lumières qu'il avait acquises, et à marcher avec lui dans une voie de convention et de progrès.

« ... Les peines qu'elle (l'ordonnance) prononce ont cessé d'être en proportion avec les délits que ses dispositions étaient destinées à punir, et en harmonie avec nos mœurs. Il a dû en résulter souvent une déplorable impunité.

» ... Les forêts, soit à cause de leur importance, soit à cause de l'extrême facilité des délits dont elles ont à souffrir, ont besoin d'une protection particulière et de mesures répressives plus actives et plus efficaces que les autres natures de propriété. Aussi leur a-t-on appliqué de tout temps une législation exceptionnelle et spéciale...

» ... Une destruction considérable fut la suite de cette imprudente transition de l'excès de la gêne à l'excès de la liberté. Cet abus déplorable dont on fut effrayé, ne fut tardivement arrêté et suspendu que quelques années après. Pendant que les bois des particuliers étaient ainsi sacrifiés, les communes profitèrent de leur côté des désordres de la Révolution et de l'insuffisance d'une législation irrégulière pour anticiper les coupes de leurs bois, pour les livrer aux désastreux abus du pâturage et pour effectuer aussi de nombreux défrichements. »

« Rien n'est plus respectable, Messieurs, que le droit de propriété... Cette faculté inhérente à la propriété et qui la constitue est, dans notre corps social, un principe de vie qu'il faut se garder de méconnaître ou de blesser. Ce sont là vos principes, Messieurs ; et ce sont aussi les nôtres ;

toutefois cette grande règle doit fléchir elle-même, vous le savez, devant la considération plus grande encore du besoin social et de la conservation commune ; c'est à ce prix que la société garantit à ses membres leur sûreté et leur propriété. C'est un sacrifice que l'intérêt de chacun doit faire à l'intérêt de tous et qui profite ainsi à ceux mêmes à qui il est imposé.

Parlant des « poursuites en réparation des délits et des contraventions », le rapporteur dit « Ce titre (le titre II) est important comme tout ce qui touche à la justice, comme tout ce qui touche à la fortune et à la liberté des hommes... Nous nous bornerons aujourd'hui à vous faire observer que les précautions prises pour donner aux poursuites une activité nécessaire n'ont porté aucune atteinte aux grands principes d'ordre et de justice qu'il n'est pas permis d'affaiblir. »

Du projet de loi, on peut dire qu'il fut réellement « conçu dans des vues évidentes d'utilité générale, préparé lentement et laborieusement, avec le concours de toutes les lumières et l'appui de tous les conseils, soumis à l'épreuve de la contradiction publique avant les débats prescrits par nos institutions, approuvé dans son ensemble par ceux-mêmes qui en ont combattu quelques dispositions isolées, et enfin sanctionné par la presque unanimité de la chambre élective. »

Les particularistes algériens, les spécialistes qui rêvent de codifier jusqu'à la façon de se moucher en Algérie, devraient bien méditer un peu ces quelques lignes. Ils y verraient que les raisons qui ont déterminé le législateur de 1827 sont identiquement les mêmes en ce moment en Algérie, à cette différence près que le danger est ici beaucoup plus grand qu'il ne l'était en 1827 dans la Métropole. Quant au respect dû à la propriété, ils y verraient avec quel soin cette grave question a été examinée, étudiée. Le Code forestier est donc la meilleure arme que nous puissions avoir pour défendre les dernières forêts.

Veut-on une opinion remontant moins haut que 1827 ?

« Le projet de loi préparé par le Gouvernement

n'a pas pour but de créer pour la colonie une législation forestière spéciale, remplaçant les lois de la Métropole... En fait, la plupart des *dispositions tutélaires* du Code forestier peuvent être appliquées en Algérie, et elles fournissent à l'Administration *des armes dont elle ne doit pas se dessaisir.* » Telle était en 1885 l'opinion de M. Carnot, Ministre des Finances ; telle était celle de M. Hervé-Mangon, Ministre de l'Agriculture, dont la compétence devrait bien être prise en considération par les hommes politiques du jour ; telle fut celle des Chambres qui adoptèrent intégralement le projet présenté par le Gouvernement.

Si M. Hervé-Mangon repoussait tout projet de code forestier destiné à remplacer celui de la Métropole, il estimait cependant qu'il y avait certaines lacunes à combler dans ce code, en raison des conditions de milieu, des mœurs des habitants et des précédents établis. Il proposait alors une loi additionnelle à la loi française, mais ne demandait pas pour cela à faire disparaître celle-ci. (1)

A notre avis, de simples instructions ministérielles, concertées après entente entre les Préfectures et l'administration forestière, suffiraient amplement pour la réglementation des pâturages chez les indigènes. Des instructions ministérielles, des décrets même ne peuvent aller à l'encontre de la loi, objecte-t-on. Mais pourquoi serait-on plus rigoureux ici qu'en France, où de simples conventions tacites, sans instructions d'aucune sorte, rendent le Code forestier tolérable au paysan français ?

Est-ce que dans la Métropole le Code forestier est partout appliqué d'une façon identique ? La Corse n'a-t-elle pas un traitement spécial ? A-t-on jamais songé à demander un Code particulier pour

(1) Parmi les noms autorisés qui figurent dans le préambule, nous avons omis celui de M. Hervé-Mangon. Nous réparons cet oubli en reproduisant la citation suivante de cet ancien Ministre de l'Agriculture :

« L'équilibre entre le sol forestier et le sol arable est indispensable à l'agriculture. Malheur aux pays assez imprévoyants pour détruire leurs forêts ! »

chacune des régions de la France ? A-t-on demandé pour chacune d'elles une direction particulière ? Non ! aucune d'elles ne s'est insurgée contre les « Bureaux parisiens. »

En demandant un Code forestier spécial on n'a, en somme, pour but, pour unique but d'obtenir un adoucissement dans les pénalités aux coups desquelles les indigènes sont exposés. Et on le demande alors que le Sénat est saisi d'un projet de révision du Code forestier français, alors que l'on n'ignore pas, dans cette assemblée, que ce projet, dû à M. Viette, n'a nullement touché aux pénalités qui auront à frapper le paysan de la Métropole. Voudrait-on par hasard que les sujets de la France jouissent d'un régime de faveur dont le citoyen français n'aura pas été reconnu digne ? On n'a évidemment pas prévu les résultats d'une pareille inconséquence, qui serait odieuse si elle était voulue sciemment.

Nous avons eu occasion, il est vrai, de voir nos législateurs verser tous de profuses larmes d'attendrissement sur le malheureux sort de l'indigène, à l'idée que celui-ci allait être exposé à être pris dans les mailles de l'interminable et coûteuse procédure ; tandis que jamais nous n'avons vu aucun d'eux se détourner de sa route un instant pour tenter d'arrêter l'horrible machine procédurière, qui chaque jour écrase et broie les colons. Nous avons vu cela, c'est vrai ; mais nous ne nous croyons pas autorisé à en conclure que nos dirigeants sont disposés à aller jusqu'à l'odieuse inconséquence dont nous venons de parler.

En résumé, nous dirons ou plutôt nous redirons (1) que la thèse soutenue par MM. Ferry et

(1) Il nous a été bien difficile, pour ne pas dire impossible, d'éviter les redites, puisqu'il nous a fallu répondre à tout moment à des redites. Seulement, celles des honorables sénateurs, très élégamment présentées, n'ont pu être que très goûtées et acceptées peut-être comme autant de choses nouvelles ; tandis que les nôtres, limitées à la reproduction pure et simple de faits et d'arguments, ne peuvent guère prétendre qu'à rentrer dans la catégorie des « scies. » Peu nous importe d'ailleurs le genre dans lequel on classera notre prose ! pourvu que

Guichard pèche par sa base. Le Code forestier, disent-ils, est bon pour un pays qui compte la civilisation par siècles ; il n'est pas bon pour un peuple primitif. Suivant nous, il y aurait plutôt lieu de retourner ainsi la phrase : Le Code forestier peut être atténué en France, aujourd'hui que le danger est en partie conjuré et que l'on a à faire à une population intelligente et civilisée ; il doit au contraire être maintenu intégralement, au point de vue des pénalités, en Algérie, attendu que le péril est imminent et que l'on a à faire à un peuple primitif qui ne comprend que la justice expéditive (1).

Pour exprimer enfin toute notre pensée en quelques mots, nous dirons : Si le Code forestier français n'existait pas, il faudrait s'empresser de le voter pour l'Algérie.

Telle est notre réponse au rapport de M. Guichard. Que celui-ci veuille bien nous pardonner la forme de notre langage ; qu'il veuille bien aussi nous excuser si, par moments, nous n'avons pas su conserver notre calme. Il comprendra certainement que, lorsque nous voyons un si grand danger menacer l'Algérie, lorsque pour nous le pays est à la veille d'une effroyable catastrophe, il est bien difficile de conserver son sang-froid devant l'indifférence des uns, devant les fausses manœuvres des autres. Et, nous n'en doutons pas, l'honorable Sénateur, s'il partageait notre conviction, trouverait notre défense trop tiède, au lieu de se froisser de quelques traits de notre riposte.

---

les rapports Ferry et Guichard soient déclassés et ne fassent plus partie du matériel de l'arche sainte, nous nous déclarerons très satisfait. — C'est le propre d'ailleurs de notre époque que d'obliger les gens à prouver l'évidence, à ressasser les vérités et les axiomes pour arriver à se faire entendre. Nous n'aurions donc pas été amené à nous répéter par la nature de la discussion, que nous aurions dû user et abuser de la redite.

(1) Ce qui nous étonne et nous surprend, c'est que parmi toutes les objections élevées à l'encontre de l'applicabilité du Code forestier, personne n'ait songé à invoquer l'incompatibilité de ce code avec le Coran. Il y a là une lacune à réparer ; il ne sera pas difficile de trouver un texte du Prophète ou de ses commentateurs, devant lequel les assimilateurs n'auront qu'à s'incliner.

M. Guichard mieux éclairé adoptera-t-il une autre manière de voir ? Nous devons l'espérer. Bien qu'il ait déclaré suivre son président, il nous paraît cependant être homme à rebrousser chemin, s'il reconnaît avoir fait fausse route. Ce n'est pas un homme de parti et de combat; les circonstances l'ont obligé en quelque sorte à sacrifier aux idées du jour ; mais il ne demande qu'à être édifié ; c'est pourquoi nous avons confiance dans le jugement qu'il va prononcer, sur notre prière, en deuxième instance.

Avant de terminer, quelques mots sur « la plus grande pensée du règne. » Nous nous garderons bien d'apporter ici nos arguments personnels à l'encontre des projets des « pouvoirs forts » ; au moment voulu, il nous suffira de quelques coups d'épingles pour crever tous ces beaux ballons que les sénateurs ont admirés, il y a peu de jours. Mais il nous sera permis, puisque le nom du général Chanzy a été prononcé dès le début du rapport de M. Ferry sur les attributions du Gouverneur général, puisque c'est en quelque sorte sous son patronage que le Président de la Commission a placé son œuvre, il nous sera permis, disons-nous, d'invoquer l'autorité de cet ancien Gouverneur, qui n'était « ni un rêveur, ni un optimiste » suivant les termes mêmes de M. J. Ferry.

Eh bien ! voici comment il comprenait son rôle de Gouverneur :

« Les institutions actuelles sont la base du point de départ des nouveaux efforts que nous allons faire ; mon désir est de les développer sagement dans le sens d'une *assimilation successive* et ENFIN COMPLÈTE avec celles de la métropole. Pour atteindre *sûrement* ce résultat, il faut... » (1)

---

(1) Détail curieux à noter en passant : ces paroles de Chanzy se trouvent être, dans le texte, trois lignes plus bas que la citation empruntée au Général par M. J. Ferry. L'honorable Sénateur s'est donc *fort heureusement* arrêté à temps !

Il terminait ainsi sa proclamation : « J'ai accepté sans appréhension ces hautes fonctions qui me rappellent parmi vous parce que je compte, pour m'aider à remplir ma tâche, sur les gens de cœur qui placent l'intérêt du pays au-dessus de leurs aspirations personnelles, sur votre patriotisme à tous... »

L'on devine aisément ce qu'il voulait dire, quand il faisait appel aux gens qui « placent l'intérêt du pays avant leurs aspirations. »

Du temps de Chanzy, comme aujourd'hui, comme toujours d'ailleurs, il y avait en Algérie une bande d'affamés réclamant la curée ; il y avait aussi en France une sorte de ligue qui lachait sur la colonie les tarés et les incorrigibles des administrations et les besoigneux de toute sorte. Chanzy le savait ; et c'est parce qu'il ne se sentait pas assez fort contre cette tourbe envahissante, qu'il faisait appel aux honnêtes gens pour l'aider à remplir sa tâche, c'est-à-dire pour l'aider à mettre l'Algérie sous la sauvegarde du droit commun, sous l'égide de la loi.

Changea-t-il d'opinion par la suite? Non ! Jamais il ne manquait une occasion de faire comprendre aux courtisans qui l'entouraient et croyaient lui faire leur cour en parlant d'étendre ses pouvoirs, de leur faire comprendre, disons-nous, qu'il était loin, bien loin de partager leurs idées ; que son objectif, à lui et à ceux qui lui avaient confié les plus hautes fonctions en Algérie, était l'assimilation.

Un jour, son lieutenant et ami, le général Wolf, fut chargé d'administrer une douche aux politiciens qui l'écœuraient avec leurs projets d'autonomie honteuse :

« M. le général Wolf désire insister sur ce fait, qu'entre les deux régimes qui sont juxtaposés en Algérie, l'un normal et semblable aux institutions de la Métropole, l'autre exceptionnel et appelé à disparaître dans un avenir donné, c'est le dernier que le projet cherche à consolider et à étendre. Ce sont là des procédés autonomistes d'autant plus surprenants qu'ils viennent de DÉLÉGUÉS REPRÉSENTANT AU CONSEIL SUPÉRIEUR LE DROIT COMMUN et dont tous les efforts devraient tendre à l'extension du droit commun.

» L'auteur de la proposition se défend de tendances anti-assimilatrices. Mais dans un pays comme celui-ci, il ne suffit pas de se déclarer assimilateur, il faut l'être et le prouver par des faits. Le vrai principe, c'est la diffusion des pouvoirs. Il suffit de lire le projet pour se convaincre que son véritable but est contraire à ce principe ; et *dans cette tendance à fortifier une institution exceptionnelle et temporaire*, il est impossible de ne pas voir des préoccupations autonomistes. » — Conseil supérieur, 1876, page 550.

Et comme la douche n'avait pas calmé la fiévreuse ardeur des autonomistes, voici comment le Gouverneur, visiblement agacé, clôtura le débat :

« .... Quant à moi, désireux d'éviter à l'Algérie l'essai de tout système nouveau, je suis bien décidé à poursuivre le but patriotique qu'indique la devise que vous avez adoptée : *l'assimilation progressive de ce pays à la Métropole* (1). L'organisation qui fonctionne et qui se perfectionne chaque jour dans ses détails, se résume ainsi : Initiative et étude des questions et des affaires à Alger, décision par le Gouvernement et les Chambres ; exécution en Algérie, contrôle à Paris. »

Nous prenons la très respectueuse liberté de soumettre ces paroles aux méditations des novateurs modernes. Et nous ferons très humblement remarquer à ces derniers que ce n'est pas Chanzy qui eut jamais découvert cette perle de la « puissance musulmane », dont la direction exige impérieusement la présence d'un gouverneur à Alger.

Ce n'est pas lui non plus qui eut jamais osé proposer de créer une vice-royauté de l'Algérie (2).

---

(1) Ces mots sont soulignés dans le procès-verbal.

(2) Un homme politique, un homme d'Etat, est venu devant le Sénat déclarer que l'idéal à poursuivre en Algérie était de copier les institutions des Anglais aux Indes. Devant cette déclaration, les sénateurs sont restés muets... d'admiration, sans doute. Nous n'avons pas à nous montrer surpris que, par ces temps de déséquilibration cérébrale, on confonde les colonies de peuplement avec les colonies d'exploitation ; mais ce qui nous stupéfie et nous confond, c'est que MM. les Sénateurs n'aient pas vu qu'il s'agissait d'accommoder leurs protégés à la même sauce que les sujets de Sa Majesté britannique.

Ce n'est pas nous qui avons amené le général Chanzy sur la scène; aussi ne saurions-nous trop remercier M. J. Ferry, qui nous a fourni l'occasion de faire connaître à ses collègues et amis l'opinion catégorique « de cet homme de guerre qui sut être un administrateur avisé et qui n'était assurément ni un rêveur, ni un optimiste. »

Nous voici arrivé au terme de notre tâche. Au moment de mettre la dernière main à ce travail et de le livrer à la publicité, nous nous demandons si cette publicité sera utile, si l'intérêt général en retirera quelque profit. Il n'y a guère d'illusions à avoir à ce sujet, en effet.

« L'homme de nos jours, disait Tassy en 1886, ne se soucie ni du passé ni de l'avenir; il se soucie du présent, et dans le présent il ne voit que lui; il a perdu le culte des aïeux; le sort de ses descendants ne le touche pas et, depuis longtemps, il ne connaît plus les joies sublimes du sacrifice et du dévouement. Toutes ses aspirations étant concentrées dans l'amour de soi-même, on comprend son dédain pour les biens dont il ne saurait jouir incontinent et qui pourraient dès lors lui échapper... Parmi tous les dangers qui menacent encore notre malheureuse Patrie déjà si éprouvée, je n'en vois pas de plus grand que celui auquel l'exposent les théories gouvernementales. Si la France entrait dans la voie où on veut l'engager avec les meilleures intentions du monde, je n'en doute pas, son heure aurait sonné; il ne resterait bientôt d'elle que quelques individualités plus ou moins remarquables; comme corps de nation, elle descendrait au dernier rang; elle n'aurait plus de mission à remplir... »

A-t-on prêté la moindre attention à ces paroles ?

Si la voix de Tassy est restée sans écho, supposer que nous serons entendu serait une grande prétention de notre part.

Nous n'avons donc pas beaucoup d'illusions à garder sur les résultats de notre tentative; cependant, toutes réflexions faites, nous n'avons pas jeté au panier ce que nous venions d'écrire, espérant que peut-être ces lignes feront naître quelque hésitation, quelque doute dans l'esprit de nos dirigeants, et les amèneront à surseoir à l'exécution du jugement que leur ont arraché les réquisitoires de MM. Ferry et Guichard. La cause est grave ; nous supplions nos juges de comprendre qu'elle a été mal engagée et qu'il faut la reprendre, dégagée de tout esprit de parti, de camaraderie ou d'amitié, et sans autre objectif que l'intérêt du pays. Il faut, comme le dit Tassy, l'élever au-dessus « des fluctuations de la politique courante, des convoitises ou des récriminations individuelles. »

Puisse notre prière être entendue ! Puissent ceux qui tiennent entre leurs mains les destinées de l'Algérie, ne pas perdre de vue un seul instant les paroles de Bertillon que nous avons placées en tête de ces pages : « Et c'est ainsi qu'ont péri tous les peuples conquérants indo-européens, et ils sont nombreux, qui depuis les temps historiques, ont été attirés par les richesses africaines ! Ne semble-t-il pas que ce soit témérité que de recommencer une expérience si souvent tentée en vain ici ? »

Là où « les grands et forts Romains » ont échoué les Français réussiront-ils ? C'est au Parlement qu'il appartient de répondre à cette interrogation ? C'est sur lui que pèse tout entière la responsabilité du redoutable avenir.

L'amélioration du régime des eaux en Algérie n'est ni au-dessus des ressources de la science, ni au-dessous des ressources financières de la France, a dit Prévost-Paradol. Les Représentants de la nation ne sauraient hésiter ; ils n'hésiteront pas, car sauver l'Algérie, c'est sauver la Patrie ! C'est réaliser le rêve de l'homme éminent dont nous venons de prononcer le nom !

« Quatre-vingt à cent millions de Français, fortement établis sur les deux rives de la Méditerranée, au cœur de l'ancien continent, maintiennent à travers les temps, le nom, la langue et la légitime considération de la France. »

NOTRE PÉTITION AU SÉNAT (1)

Le 2 mars 1891, la Ligue du reboisement de l'Algérie avait adressé au Sénat une pétition relative au régime forestier de l'Algérie. Dans la séance du 10 février dernier, M. le Sénateur Isaac, chargé d'examiner cette pétition, a fait au Sénat le rapport suivant :

« M. le docteur Trolard, demeurant à Alger, président de la Ligue du reboisement de l'Algérie, a adressé au Sénat une pétition à l'effet d'appeler son attention sur la nécessité d'entretenir et d'augmenter le patrimoine forestier de notre grande colonie africaine.

» Il est certain que cette question intéresse au premier chef l'existence même d'un pays comme l'Algérie, non seulement parce que les forêts constituent un des éléments les plus importants de la richesse publique, mais encore parce qu'elles contribuent à la réalisation de conditions climatériques en dehors desquelles il serait inutile de compter sur une exploitation fructueuse des terres.

» L'Algérie a été, dit-on, couverte autrefois de vastes forêts, dont on trouve encore les vestiges, sous forme de souches desséchées, dans des régions aujourd'hui envahies par les sables. Là où la végétation a disparu, les sources et les cours d'eau sont devenus rares et la stérilité a fait place à l'ancienne fertilité du sol. On peut se rendre compte de ce que serait la prodigieuse fécondité du pays, si la distribution des eaux y était faite d'une manière égale, en constatant la richesse actuelle de celles des terres qui ne sont pas absolument privées d'humidité.

» La Ligue du reboisement, dont M. le docteur Trolard se fait ici

---

(1) Bien que le *Bulletin de la Ligue* ait déjà publié cette pétition, nous avons jugé bon de reproduire ici ce document. Le titre de notre travail étant « *La Question forestière devant le Sénat,* » cette pièce devait, à notre avis, faire partie du dossier. — De plus il n'était pas inutile de montrer de nouveau qu'à l'aide d'un certain ensemble de mesures — nous n'avons pas la prétention de les avoir indiquées toutes — il serait possible de remédier au péril.

l'interprète, attache donc avec raison la plus grande importance à la reconstitution et à la conservation des forêts algériennes. Il signale l'insuffisance des efforts qui ont été faits dans ce sens, et, reproduisant la déclaration d'un inspecteur général des forêts, il affirme que « le domaine forestier s'est considérablement appauvri depuis qu'il est » entre nos mains. »

» Il rappelle aussi les paroles d'un gouverneur général, constatant que « l'Algérie est menacée de devenir inféconde par la sécheresse, » conséquence fatale de la disparition de nos forêts, » et concluant » qu'il fallait rechercher avec ardeur les moyens d'action pour la » reconstitution des forêts immenses qui couvraient autrefois le pays. »

» Il pense que c'est aux représentants directs du pouvoir central, c'est-à-dire aux préfets, (1) qu'il faut confier la surveillance des mesures à prendre, et il énumère ces mesures dans un mémoire destiné à M. le Ministre de l'Agriculture. Elles se résument ainsi d'après le mémoire :

1° Des maisons forestières doivent être installées dans toute l'Algérie, à raison de 1,200 hectares en moyenne, et dans le délai de six ans au maximum ;

» 2° Un réseau de chemins forestiers, qui comprendrait un minimum de 6,000 kilomètres, doit être commencé et construit en même temps que les maisons forestières. L'administration préfectorale veillerait à ce que les amendes des insolvables, condamnés pour délits forestiers, fussent scrupuleusement converties en journées de prestation, suivant l'article 210 du Code forestier et employées à la construction de chemins forestiers ;

» 3° Le personnel forestier des trois départements de l'Algérie doit être organisé de façon à assurer la conservation des forêts. Cette organisation prendrait son effet au fur et à mesure que les maisons forestières et les chemins forestiers seraient construits.

» Ces trois premières séries de mesures entraîneraient nécessairement une augmentation considérable des dépenses actuelles. Le pétitionnaire l'évalue, pour le personnel seulement, à 95 millions, répartis

---

(1) L'honorable rapporteur, M. Isaac, n'a pas exactement interprété notre pensée. Nous avons réclamé l'intervention préfectorale pour l'exécution de certaines mesures qui sont d'ordre général ; nous la réclamons aussi à titre d'intermédiaire entre l'administration forestière et le Ministre compétent, comme cela a lieu dans la Métropole : nous n'avons jamais entendu dire que les Préfets se substitueraient à ce Ministre.

en vingt années; mais il croit pouvoir affirmer que ces sacrifices seraient largement compensés par les bénéfices à prévoir;

» 4° L'Administration doit réglementer la mise à feu des broussailles par les indigènes.

» Le pétitionnaire estime, et cette opinion est conforme aux impressions recueillies par la délégation de la Commission du Sénat, lors de son passage en Algérie, que cette réglementation est une chose des plus urgentes. Il paraît, en effet, impossible d'empêcher absolument les indigènes de détruire par le feu des broussailles qui gênent la circulation, mettent obstacle au pâturage, en même temps qu'elles donnent asile à des fauves qui peuvent décimer les troupeaux. Les interdictions, en pareille matière, n'aboutissent qu'à des actes d'imprudence ou de colère, dont les conséquences sont trop souvent de livrer à l'incendie les plus belles parties des forêts algériennes. En faisant la part, au contraire, du véritable besoin, en définissant et en limitant la faculté de mettre le feu aux broussailles, en l'entourant des garanties nécessaires, on ferait disparaître la cause la plus redoutable des incendies de forêts;

» 5° L'Administration doit prendre, dans le plus bref délai, toutes mesures pour que la délivrance des bois aux usagers indigènes ne soit plus une cause de dévastation des forêts.

» Le pétitionnaire insiste sur les conditions défectueuses dans lesquelles s'accomplit aujourd'hui cette exploitation des usagers. Les indigènes ne veulent recevoir de bois qu'autant que ceux-ci ont les dimensions voulues pour l'emploi auquel ils les destinent, et on s'empresse de leur délivrer les perches qu'ils choisissent. Il en résulte qu'on ne voit plus aujourd'hui, dans nos forêts, ni perches ni bois d'âge moyen. « Certaines forêts d'une grande étendue, dit M. le Conservateur d'Alger, sont aujourd'hui complètement épuisées en jeunes bois. »

» Or, la loi n'oblige l'Administration à délivrer aux usagers que le nombre de mètres cubes reconnus nécessaires à leurs besoins; c'est à eux de débiter comme ils l'entendent le volume de bois qu'on leur remet, ou à le faire débiter par un entrepreneur agréé par l'Administration forestière, ainsi que le prescrit l'article 81 du Code forestier;

» 6° Un arrêté du Ministre de l'Agriculture frapperait d'opposition, à partir du.........., toutes ventes de bois, forêts ou terrains forestiers faites par des indigènes à qui n'aurait pas été faite l'application du sénatus-consulte de 1863.

» Cette mesure aurait pour but de garantir à l'Etat la propriété des forêts sur lesquelles le droit de propriété des tribus ou des individus n'aurait pas été reconnu, conformément aux dispositions de la législation en vigueur, et de faire cesser des usurpations qui, dit-on, sont très fréquentes;

» 7° Des instructions préfectorales rappelleraient aux agents chargés de constater la propriété indigène, l'article 4 de la loi du 16 juin 1851, qui comprend dans la nomenclature des biens domaniaux « les bois » et forêts, sous la réserve des droits de propriété et d'usage réguliè» rement acquis avant la promulgation de la présente loi. »

» Ici le pétitionnaire constate que, malgré la réserve formelle contenue dans l'article 5 du sénatus-consulte de 1863, plus de 150,000 hectares de massifs boisés auraient été abandonnés aux indigènes, et il se plaint de cette dilapidation du domaine de l'Etat;

» 8° Par tous les moyens possibles : affiches dans les cafés maures, proclamations sur les marchés, brochures distribuées aux cheiks, etc. l'administration locale doit faire connaître aux indigènes les pénalités et les dispositions du Code forestier.

» Les dispositions du Code forestier sont très rigoureuses et suffiraient sans doute à prévenir les dilapidations de forêts, si elles étaient suffisamment connues des intéressés, et si, d'autre part, elles étaient appliquées. Mais beaucoup d'indigènes les ignorent; d'autres usent largement du moyen de la transaction, qui permet de supprimer presque complètement la pénalité. Il en résulte, dit le pétitionnaire, que les sévérités voulues par la loi ne produisent pas leur effet; (1)

» 9° L'Administration doit prendre des mesures pour que, partout où l'utilité en sera démontrée, des barrages soient établis sur les ravins, afin de créer et d'entretenir les pâturages.

» On obtiendrait par ce moyen la reconstitution des prairies. Pendant longtemps, les indigènes, surtout dans le Sud, ont construit de semblables barrages; mais, depuis la famine, ils ont négligé de les entretenir et les ont laissés disparaître. Il serait juste de les aider à les rétablir;

» 10° Les procès-verbaux dressés par tous préposés forestiers, en exécution des articles de la loi du 17 juillet 1874, de celle de décembre 1885 et du Code forestier, devraient être dispensés de l'affirmation et enregistrés en débet.

---

(1) Ce n'est pas précisément ce que nous avons avancé. Nous avons dit que certains industriels abusaient de la bienveillance de certaines personnes pour obtenir la remise de nombreuses amendes qu'ils encouraient sciemment. Nous ne sommes pas opposé à la transaction.

» Cette dispsition aurait pour effet d'assurer la rapidité de la répression. Elle a été adoptée dans la loi de 1885, mais elle ne s'applique qu'aux délits prévus par cette loi ;

» 11° Il y aurait lieu de faire promulguer en Algérie la loi du 2 avril 1882 sur la restauration des terrains de montagne.

» Cette loi permet de sauvegarder le sol atteint par les ravines, les éboulements, les affouillements, les érosions, soit en restaurant les terrains après expropriation, soit en les mettant en défends et en réglementant les pâturages ; de plus, elle donne aux forestiers chargés des restaurations la faculté d'employer tous les moyens qu'ils jugeront utiles, embroussaillements, barrages, etc., pour prévenir les inondations et en atténuer les désastres.

» La loi de décembre 1885, spéciale à l'Algérie, devait, il est vrai, suppléer et remplacer avantageusement celle de 1882 ; mais cette loi, dit le pétitionnaire, reste sans application dans sa partie principale, celle qui tend à affranchir les forêts de droits d'usage dont elles sont grevées au profit des indigènes ; et, d'un autre côté, elle n'a prévu ni la réglementation des pâturages, ni les gazonnements, ni les barrages. La loi d'avril 1862 comblerait ces lacunes et produirait en Algérie les mêmes effets qu'en France, en mettant à la disposition de l'Administration les crédits nécessaires ;

» 12° L'Administration serait invitée à réclamer le règlement d'administration publique consécutif à la loi de décembre 1885, et à faire tous ses efforts pour rendre cette loi applicable notamment dans son article 12.

» Le pétitionnaire suppose le cas où la loi de décembre 1885 resterait en vigueur, et il se préoccupe d'en tirer le meilleur parti possible. Or cette loi n'a jamais été suivie du règlement d'administration publique qui devait en faciliter l'application. L'article 12 de la loi, spécialement, contient une disposition d'une exécution très difficile ; elle porte que : ne peuvent être défrichées les broussailles « se trouvant » sur le sommet ou sur la pente des montagnes ou coteaux, ni les » broussailles nécessaires à la salubrité publique ». Dans le premier cas, l'interdiction est extrêmement rigoureuse, parce qu'il n'y a guère en Algérie que des montagnes ou des coteaux ; dans le second cas, elle se heurte à des appréciations arbitraires qui peuvent être la source de regrettables conflits.

» A ce sujet la Ligue du reboisement s'élève par l'organe de son président, contre les demandes réitérées qui tendent à faire distraire du domaine forestier, pour les livrer à la colonisation, les terrains en broussailles. Il a été constaté que ces terrains ne représentent qu'une très petite superficie ; la colonisation ne gagnerait donc pas beaucoup à s'en emparer ; et elle y perdrait, dans l'aveuir, les avantages qu'elle peut tirer de la transformation si désirable de ces broussailles en forêts.

» Le pétitionnaire conclut en demandant au pouvoir métropolitain de faire examiner, par des Commissions spéciales qui se transporteraient sur les lieux et qui comprendraient, dans chaque département, des agents techniques, des agents des forêts, du domaine et de la topographie, auxquels seraient adjoints des Conseillers généraux et des Conseillers municipaux. Ces Commissions procéderaient d'abord à la constatation définitive du domaine forestier actuel. Les frais de leurs opérations formeraient une dépense d'environ 180,000 francs.

» Il résulte de l'ensemble des indications fournies par la pétition qu'il y aurait lieu de prendre, en Algérie, des mesures qui impliqueraient nécessairement une aggravation des rigueurs actuelles du régime forestier. Or, s'il est d'une grande importance d'assurer, par tous les moyens possibles, le reboisement de l'Algérie, on ne peut pas non plus perdre de vue que cette question forestière est une de celles qui, en l'état actuel des choses, provoquent, de la part des indigènes, les plaintes les plus vives et les plus incessantes. Ceux-ci ont besoin de pâturages pour leurs troupeaux, et quand ils se voient frappés, pour des infractions qui leur paraissent légères, d'amendes considérables, ils sont portés, malgré la possibilité des transactions dont ils ne comprennent pas toujours le mécanisme, à accuser l'injustice de la loi. De là, dans certaines régions, un état d'esprit dont il n'est pas possible, même au point de vue politique, de ne pas tenir compte. Le service forestier, lui, fait son devoir, en s'efforçant d'agrandir son domaine et d'en écarter tout ce qui pourrait y porter quelque atteinte. La solution dans un pays comme l'Algérie, où l'élève du bétail doit constituer une des sources les plus abondantes de la fortune publique, se trouverait dans une législation qui concilierait les deux intérêts de la conservation des forêts et du pâturage. De plus, il est nécessaire d'avoir égard aux mœurs séculaires. à l'état de pauvreté des habitants.

» C'est pour ces causes qu'il paraît raisonnable de penser que l'Algérie doit avoir son code forestier spécial, et que les lois forestières de France ne doivent pas y être appliquées sans avoir subi, au préalable, des appropriations particulières. On se demande aussi si, en raison des exigences du milieu, il ne conviendrait pas de fortifier, au lieu de la diminuer, l'action du Gouvernement général sur le service forestier.

» *Ce ne sont pas là les idées que révèle la pétition.* (1)

» Un point sur lequel on paraît d'accord, c'est qu'il n'y a actuellement que peu de terrains forestiers qui soient en état d'être livrés à la colonisation, sauf peut-être quelques parcelles en broussailles. On peut donc admettre que l'administration forestière ne se prête pas à une diminution de son domaine existant, à la condition toutefois qu'elle ménage autant qu'il convient les besoins réels des populations pastorales et qu'elle maintienne, dans l'application de ses règlements, les distinctions qui doivent exister entre les forêts peuplées de grands arbres où le bétail peut passer sans occasionner aucun mal, les forêts de jeunes plants, que la dent des animaux aura bientôt fait de détruire, et la simple broussaille, à côté de laquelle le pâturage est souvent une nécessité. La réglementation de la mise à feu des broussailles apparaît également comme une mesure qui ne saurait être plus longtemps retardée.

» Les indications fournies par le pétitionnaire sont d'ailleurs des plus sérieuses; elles se rapportent à un objet qui doit être placé au premier rang des affaires algériennes. La Commission exprime l'avis qu'elles méritent un examen attentif et elle conclut, en conséquence, au renvoi de la pétition à M. le Ministre de l'Agriculture et à la Commission spéciale chargée d'étudier les modifications à introduire dans le régime de l'Algérie. ».

En somme, l'honorable sénateur, M. Isaac, que nous ne saurions trop remercier du soin avec lequel il a examiné la pétition d'un citoyen français habitant l'Algérie, recommande toutes les mesures préconisées par nous. Nous ne différons tous les deux que sur la façon de concevoir les droits des pasteurs indigènes et sur l'utilité des pouvoirs forts.

Monsieur le Sénateur Isaac qui, nous en sommes convaincu, lira d'un bout à l'autre notre ré-

(1) Les raisons que nous avons données plus haut, dans notre réponse au rapport de MM. Ferry et Guichard, nous dispensent de revenir sur l'utilité d'un Code forestier spécial à l'Algérie et sur les prétendues nécessités de fortifier le Gouvernement Général.

ponse à MM. Ferry et Guichard — par ce qu'il ne demande qu'à être éclairé — M. Isaac, disons-nous, ne tardera pas à découvrir le fin mot de la comédie qui se joue en ce moment, et à comprendre le pourquoi de tout ce bruit fait autour de quelques pasteurs indigènes. S'il restait le moindre doute dans son esprit, nous lui demanderions qu'elle est, à son avis, la cause qui a empêché les Gouverneurs passés — et il y en avait parmi eux, tels que Chanzy qui avaient toute liberté d'agir — de faire quoi que ce soit en faveur des indigènes. La Commission sénatoriale a constaté la très malheureuse situation de ces derniers ; a-t-elle découvert quelque part la plus petite trace d'une tentative *sérieuse* émanant des Gouverneurs et ayant pour but de mettre fin à cette situation ?

Quant à la légende qui consiste à représenter l'administration forestière comme tenant en échec la toute puissance gouvernementale, M. Isaac, qui a pu y croire jusqu'à ce moment, s'empressera d'en rire, quand il saura que certains gouverneurs ne se gênaient pas pour faire embarquer dans les vingt-quatre heures des fonctionnaires forestiers, dont la figure n'avait pas le don de plaire aux élus et aux électeurs influents.

Quant aux pasteurs indigènes, nous sommes loin de demander leur mort. Nous demandons seulement qu'on n'accorde pas de primes d'encouragement à la paresse et à la fraude. M. Isaac ne peut manquer de se rendre à l'évidence ; et puisqu'il apprécie, comme nous, l'importance considérable de la forêt dans ce pays, nous devons désormais le compter parmi les plus zélés adhérents de la Ligue du Reboisement.

Monsieur le Gouverneur Général,

Vous avez bien voulu m'inviter à vous faire connaître mon avis sur le projet de code forestier, qui vient d'être préparé par une Commission spéciale. J'ai l'honneur de vous adresser la note ci-jointe, qui se borne à la défense de l'objectif poursuivi par la Ligue du Reboisement.

Cet objectif est l'amélioration du climat et du régime des eaux en Algérie. En d'autres termes, la Ligue recherche les moyens d'assurer à l'Algérie un coefficient de boisement tel que le pays sera sain et que l'agriculture pourra donner tout ce qu'elle est en état de donner.

Dans ma note, qui sera donc restreinte à ce point de vue général, j'examinerai d'abord la situation forestière de l'Algérie. Je montrerai ensuite que le Code forestier de la Métropole peut seul remédier à une aussi grave situation; et je combattrai les tendances actuelles qui menacent de sacrifier les forêts aux droits des usagers et aux fantaisies des nomades. Enfin, après avoir indiqué que la plupart des mesures destinées à adapter le Code forestier aux nécessités d'un pays différent de la France peuvent être prises soit par l'administration locale, soit par l'administration centrale, ou faire l'objet d'une législation spéciale qui serait unifiée; après avoir établi qu'un code forestier algérien unique ne remplirait pas d'ailleurs le but poursuivi, je demanderai qu'au point de vue français on n'inaugure pas, par un code spécial, et sous prétexte de combattre les rattachements, l'ère des institutions qui, par la force des évènements, détacheront l'Algérie de la Mère-Patrie.

Dans les critiques que je lui adresse, la Commission voudra bien ne voir que l'intention de lui prêter mon modeste concours, comme à tous ceux qui sincèrement cherchent la solution d'une question locale. Ce n'est pas la vaine satisfaction de récriminer qui m'anime; loin de là! car si ma faible appréciation pouvait être de quelque valeur dans la circonstance, je n'hésiterai pas à reconnaître que l'œuvre de la Commission témoigne d'un très grand travail et d'un non moins grand désir d'arriver à un résultat, et que cette œuvre pourra être en bonne partie utilisée, mais sous une forme autre que celle qui est préconisée en ce moment.

Si mon concours se présente donc sous la forme d'une critique, la Commission ne le repoussera pas, j'en suis convaincu, parce qu'elle veut faire de bonne besogne et que par conséquent elle n'a qu'à gagner à écouter les avis qui lui parviennent de tous côtés.

J'ai l'honneur d'être, etc.

P. TROLARD.

Dans un travail fait en vue de répondre aux doctrines sénatoriales, j'ai développé les principaux arguments que j'invoque dans ma note. Je vous demande la permission, Monsieur le Gouverneur, de joindre ce travail à ma réponse à la Commission.

NOTE

en réponse au projet de Code forestier algérien préparé par la Commission spéciale instituée auprès du Gouvernement Général de l'Algérie. (1)

I

Le grand rôle joué par la forêt dans la nature ne paraît pas avoir beaucoup préoccupé les membres de la Commission. Nous reconnaîtrons toutefois qu'il y a dans son travail quelques lignes où « l'intérêt supérieur » de la forêt est indiqué, comme dans le passage suivant que nous empruntons à son président :

« Le rôle des massifs boisés est plus important encore en Algérie, où nous avons à lutter contre la détérioration continue de la surface du sol sur lequel nous vivons et dont nous tirons notre existence, contre la chaleur du climat, contre la sécheresse, et même, s'il faut en croire certaine théories, contre l'extension de la zone désertique. La conservation de la forêt est donc ici plus indispensable qu'en France. »

Mais cette opinion ne semble pas avoir eu une très grande influence sur l'esprit des membres de la Commission, puisque l'intérêt — intérêt bien mal compris — des pasteurs indigènes a seul inspiré ses discussions et ses délibérations, et que cet intérêt là est incompatible avec celui des forêts.

---

(1) Le rapport de la Commission algérienne étant le reflet des opinions sénatoriales, il nous a paru nécessaire de joindre cette « Note » au dossier que nous constituons aujourd'hui.

En dehors de cette préoccupation presque exclusive, la Commission a tenté de justifier ses résolutions à l'aide d'arguments qu'il nous est impossible d'accepter. Voyons ces arguments avant d'aborder le sujet de ce chapitre.

« En Algérie, que trouve-t-on ? D'abord des forêts suffisantes comme étendue sur certains points, mais trop clair-semées dans le plus grand nombre des districts ; des boisements qui ne peuvent prétendre à devenir des hautes futaies et dans lesquels les incendies ne permettent pas les aménagements à long terme. Tout ce qu'on peut raisonnablement demander à ces boisements (les chênes-liège exceptés), c'est de couvrir le sol, de l'abriter contre les vents brûlants qui dessèchent la terre ; de jouer leur rôle comme régulateurs des cours d'eau et comme réservoirs d'humidité ; de fournir enfin le bois de chauffage et les quelques rares bois d'œuvre nécessaires. »

Ainsi, des boisements ne peuvent prétendre à devenir de hautes futaies, parce que les incendies les ont ravagés et continueront à les ravager. Il est alors entendu que nous aurons toujours à subir ce fléau des incendies. Nous comprendrions cette façon d'envisager l'avenir, de se courber sous les décrets de la Providence de la part des musulmans ; mais nous ne nous attendions pas à voir des Français accepter ainsi humblement l'exemple que leur donnent leurs voisins. Il ne leur manquerait plus, en vérité, que d'inscrire cette loi fataliste dans leur Code forestier ! A notre sens, il eût été bien plus simple d'édicter que les forêts étant, de par ce qui est écrit là-haut, destinées à être brûlées, toutes sans exception, il n'y avait pas lieu de s'en occuper davantage.

Le fait est que lorsqu'il n'y aura plus de forêts, il n'y aura plus d'incendies forestiers ; il n'y aura plus besoin également de service forestier, ce qui simplifiera singulièrement la guerre qu'on lui a déclarée au Sénat.

Tout ce qu'on peut demander à la forêt c'est de couvrir le sol, etc., etc., dit-on. Et c'est avec des forêts « trop clair-semées » que l'on se flatte d'empêcher la terre de se dessécher sous l'influence des vents brûlants, de régulariser les cours d'eau et de constituer des réservoirs d'humidité ! Nous n'insistons pas.

On ne demande ensuite aux boisements que de fournir du bois de chauffage et quelques *rares* bois d'œuvre. Nous l'avons déjà dit, les étrangers seuls connaissent la valeur vraie de nos forêts ; et c'est avec la plus grande peine que nous voyons des habitants du pays et des fonctionnaires proclamer qu'il n'y a rien à espérer, comme revenus, des forêts autres que celles de chêne-liège.

Nous venons de parler de forêts « par trop clair-semées » ; ceci nous amène à parler du coefficient de boisement de l'Algérie, c'est-à-dire du sujet de ce chapitre.

« Il faut, au contraire, dit le Président de la Commission, augmenter ce domaine forestier, au moins dans le Sud. Si notre coefficient de boisement est largement suffisant dans la zone du littoral, il est loin de l'être, vous le savez, dans les Hauts-Plateaux. Dans cette partie méridionale de l'Algérie, il est donc indispensable d'augmenter nos richesses forestières, soit en remettant en valeur les parties ruinées, soit en créant de toutes pièces de nouveaux massifs... »

Nous ne reproduirons pas ici ce que nous avons écrit, dans les premières pages de l'Introduction de notre travail, pour établir le coefficient *vrai* de reboisement de l'Algérie. Rien n'est moins exact que la façon dont on a fixé ce chiffre pour le Tell ; la vérité est que dans l'état de dégradation et de dévastation où se trouvent les bois de cette région, on n'atteint pas 10 0/0 ; ce n'est donc pas là un taux « largement suffisant ». Au surplus, nous nous représentons bien difficilement comment le total additionné de toutes ses forêts « trop clair-semées *dans le plus grand nombre* de districts » peut arriver à donner un taux si large.

Le chiffre de 16 0/0 donné par la Commission n'est donc pas exact ; mais cette réfutation ne saurait suffire ; il faut aller plus loin. A notre époque, on n'aime pas perdre de temps à creuser une question ; il est donc à craindre que les hommes politiques, qui auront à trancher définitivement le débat, s'en tiennent quand même à ce chiffre et, ne voyant que le Tell dans l'Algérie, s'en déclarent très satisfaits. Ce n'est pas une crainte chimérique que nous exprimons ici ; nous avons déjà eu occasion d'entendre manifester cette satisfaction dans une Assemblée départementale de l'Algérie. Or, il importe de remarquer que le Tell fût-il encore plus boisé qu'on le croit, il n'y a pas que son coefficient de boisement qui aura à jouer un rôle dans la climatologie. Tant que les Hauts-Plateaux n'auront pas été reboisés — nous disons reboisés, car ils ont été boisés dans le temps, quoi qu'on en dise — la région Tellienne sera soumise aux désastreuses vicissitudes atmosphériques qui annihilent son immense puissance de production.

Au point de vue de la fixation d'un coefficient de boisement, on ne peut donc séparer le Tell des Hauts-Plateaux ; et si l'on veut bien compter ainsi, l'Algérie est en déficit d'au moins 25 0/0 sur la Provence. Telle est la vérité. D'après l'extrait cité plus haut, nous voyons le Président de la Commission constater que du côté du Sud on sera obligé de reboiser dans de plus grandes proportions que dans la zone du littoral ; c'est là une constatation qui nous est précieuse, et nous l'enregistrons très volontiers. Mais comme, si l'on s'en tenait à l'impression générale qui résulte de la lecture du rapport de la Commission, cette constatation et les indications qu'elle comporte seraient négligées, il nous a paru nécessaire d'exprimer notre façon de voir sur le taux *officiel* de boisement de l'Algérie.

C'est probablement pour répondre à certains rêveurs qui veulent planter des arbres partout, même sur les jetées des ports, dans le but d'augmenter le coefficient actuel de boisement, que la Commission, dans son Exposé général, a fait appel à la géologie.

« Ces différences dans la valeur des coefficients de boisement s'expliquent par la constitution géologique du pays. Les terrains de formation récente ne contiennent presque pas de forêts; il faut remonter aux premiers âges de l'époque tertiaire pour trouver des sols où la proportion de la superficie boisée devienne appréciable; les grès éocènes constituent la région forestière par excellence de l'Algérie. Cette formation, très développée en Khroumirie et dans le Nord de la province de Constantine, porte avec les terrains cristallophylliens de Djidjelli, de Collo et de l'Edough, la presque totalité des forêts de chênes-liège et les plus beaux massifs. Elle se retrouve en Kabylie, où elle forme encore un massif assez important; à l'Ouest d'Alger, elle n'existe plus que sur des sommets isolés où des bouquets de lièges en indiquent la présence. La plupart des forêts d'autres essences sont assises sur les terrains crétacés; ce même étage géologique porte les forêts des Hauts-Plateaux, à Bou-Saâda, à Djelfa, au Djebel-Amour. Enfin, les terrains jurassiques du centre de la province d'Oran renferme les vastes massifs de chênes verts et de résineux qui couronnent la ligne de partage des eaux de cette province. »

Nous cherchons en vain le pourquoi de cette digression géologique. Qui a jamais nié l'influence de la nature des terrains sur la production des végétaux ?

Nous nous rappelons une campagne — de diversion — de ce genre qui fut entreprise en 1863. A cette époque, on avait songé à aliéner les forêts domaniales en vue de remplir la caisse qui, paraît-il, était vide.

Deux ingénieurs, MM. Vallès et Belgrand, furent chargés de démontrer que les forêts étaient un luxe encombrant; qu'elles n'avaient aucune action sur les pluies et l'emmagasinement des eaux; que toute la question du régime des eaux tenait dans la composition géologique du sol et que, dès lors, il suffirait de construire des réservoirs pour recueillir les pluies que les couches perméables du sol transmettraient aux couches imperméables. Il y eut un tel *tolle* dans le monde scientifique, que les deux ingénieurs s'empressèrent de garder un silence prudent, et que l'on se mit à l'œuvre pour préparer la loi « de la restauration des terrains en montagne » loi qui ne vit le jour qu'en 1882.

Nous répétons que nous ne nous expliquons pas le pourquoi de cette intervention faite au nom de la géologie. L'auteur de la note a sans doute pressenti l'objection qui allait lui être faite immédiatement, car il continue ainsi :

« Il n'est pas scientifiquement démontré que l'Algérie ait été beaucoup plus boisée anciennement qu'elle ne l'est aujourd'hui. Il est à présumer que les terres actuellement en culture et en friches n'ont pas une étendue bien supérieure à celle qu'elles occupaient autrefois, et que la majeure partie des sols forestiers a toujours été couverte de forêts. Cette considération explique les contradictions des divers auteurs dont les appréciations étaient exactes en ce qui concerne la région qu'ils avaient en vue. *Cependant il est hors de doute que la superficie boisée des terrains forestiers a plutôt diminué qu'augmenté. On retrouve ça et là des arbres qui ont appartenu à des boisements disparus; des étendues considérables de broussailles sont des restes de forêts où les gros bois n'existent plus ; dans de nombreuses localités, les indigènes se rappellent que des montagnes aujourd'hui déboisées étaient autrefois couvertes de beaux massifs ; les premiers forestiers qui ont parcouru l'Algérie ont signalé de magnifiques boisements dont on ne trouve plus de trace. Les incendies ont fait leur œuvre de destruction ; la paix et la sécurité ont permis aux indigènes d'étendre leur cultures et d'augmenter leur cheptel et cette augmentation de production agricole s'est souvent faite aux dépens des forêts.* Quelquefois le résultat a été bon, sur d'autres points il a été mauvais. C'est une question de nature du sol et d'inclinaison des versants. »

Nous reproduisons ces lignes sans commentaires, nous bornant à souligner, dans le texte, les passages qui répondent très suffisamment, selon nous, à l'objection « scientifique ». (1)

(1) « L'action des forêts sur la production des pluies n'est pas démontrée » dit le rapport. Certes, nous n'entendons pas dire de notre côté qu'elle est absolument démontrée. Cependant, il nous sera permis de nous étonner que l'on passe aussi facilement sous silence les

Les appréciations de la Commission viennent très largement à l'appui de notre opinion, on le voit. Aussi, plus que jamais, nous sommes persuadé que le chiffre de 10 0/0, indiqué par nous, est encore au-dessous de la réalité.

II

En présence d'une telle situation, il n'y a pas à hésiter. Les demi-moyens ne sauraient suffire; c'est pourquoi nous demandons le maintien du Code forestier avec toutes ses sévères dispositions pénales; ensuite, sinon la suppression, du moins la restriction poussée aussi loin que possible des droits d'usage, et enfin la limitation la plus extrême du pâturage en forêts.

Pourquoi le maintien du Code forestier avec toutes ses sévérités? La réponse tient dans ces mots : le code forestier a sauvé la France d'une grave situation. Lui seul peut sauver l'Algérie d'une situation plus grave que ne l'a jamais été celle de la France.

---

expériences de l'Ecole de Nancy, celles de Cantagril et de J. Maistre. Il a suffi qu'une ou deux personnalités, n'apportant aucun fait nouveau, aient affirmé qu'il n'y avait pas à tenir compte de ces expériences, pour qu'immédiatement on ait colporté cette simple affirmation. Pour notre part, tant que des expérimentateurs n'apporteront pas de nouveaux faits, nous considérerons comme vrais ceux qui sont acquis. Ils ne sont pas assez nombreux, assez répétés sur différents points, nous n'hésitons pas à le reconnaitre, pour formuler la loi de la corrélation des forêts et des pluies; mais il ne faut pas non plus s'inscrire en faux contre ces faits ou énoncer une appréciation qui semble en faire table rase. — « Il serait utile que les expériences fussent reprises sur tout le territoire de l'Algérie » dit le rapport. Nous sommes de cet avis; on ne saurait avoir trop d'observations avant de se prononcer. Mais, en attendant cette expérimentation, nous pensons devoir attacher une très grande importance à un fait que tout le monde peut vérifier, que l'enquête forestière de 1885 a très exactement établi : à savoir qu'il pleut beaucoup plus en Algérie dans les bassins boisés que dans ceux qui sont déboisés; qu'il y a une corrélation intime entre les coefficients de boisement et de pluie. Si l'on veut bien aussi considérer la répartition des pluies dans les trois départements, on verra qu'elle est identique à celle des forêts.

Il suffit de se reporter aux débats parlementaires auxquels a donné lieu le vote de la loi de 1827, pour se rendre compte des circonstances qui imposèrent au législateur l'obligation d'édicter, pour conjurer le danger, un code dont les rigueurs n'avaient d'égales que celles du code militaire. Quand on a entre les mains une arme pareille qui a fait ses preuves, pourquoi s'adresser à d'autres armes ? Pourquoi surtout demander des moyens atténués, comme le demande la Commission, alors que le danger est beaucoup plus grand qu'il ne l'a jamais été dans la Métropole, alors que l'ennemi est bien plus difficile à atteindre et à combattre que le paysan français. Nous aurions compris, pour notre part, que l'on demandât une augmentation des rigueurs ; nous aurions compris que, par exemple, l'on proposât de revenir aux arrêtés de Bugeaud ; mais jamais, nous l'avouons, nous n'eussions songé à une nouvelle édition du Code forestier, à une édition convenablement expurgée et considérablement diminuée au point de vue des pénalités.

L'atténuation des peines est inexplicable à nos yeux ; et le but sera manqué, car les indigènes n'y verront qu'une reculade du Gouvernement français, et dans cette faiblesse ne verront qu'un encouragement à continuer leurs méfaits. Enhardis par un aussi grand succès, ils reprendront de nouveau la campagne qui leur aura si bien réussi, et n'hésiteront pas à demander que l'Etat capitule et leur abandonne, sans conditions aucunes, toutes nos forêts. Pour les mêmes raisons que l'on donne aujourd'hui en faveur d'un code adouci à l'usage des indigènes, on devra accepter purement et simplement cette capitulation.

Nous nous expliquons d'autant moins ces tendances poussées jusqu'à la gâterie, cette soudaine sympathie vis-à-vis des indigènes, qu'avec la transaction on peut atténuer, à volonté pour ainsi dire, les rigueurs de la loi ; on peut en varier, en graduer les applications suivant le degré d'intérêt que présente le coupable.

Quant aux droits d'usage, à ces « servitudes dévorantes », comme on les appelait en 1827, nous n'avons à apprendre à personne qu'ils ont fait plus de mal aux forêts que les incendies. Pourquoi donc tant s'ingénier à les maintenir, à les protéger, à les étendre même (1)? Il nous semble que dans la Commission, les membres techniques auraient dû défendre pied à pied la forêt contre son plus grand ennemi, et ne consentir aux plus petites concessions que contraints et forcés. Ils auraient dû proposer tous moyens pour exonérer les biens de l'Etat de ces ulcères qui les rongent et les dévorent, proposer, par exemple, le rachat soit à prix d'argent, soit par voie d'échange de terres, soit par le dégrèvement d'impôts. « C'est une affaire d'argent et il est inutile d'en demander, dira-t-on ; quant aux échanges de terre, il n'y faut pas songer. » Des terres, répondrons-nous, on en trouverait, si on voulait bien en finir une fois pour toutes avec la constitution de la propriété indigène, et si on se décidait à faire rendre gorge à tous ceux, européens et indigènes qui ont, soit à l'abri de la loi, soit violemment, dépouillé les arabes. Quant à l'argent, on a eu grand tort de ne pas le demander. Si l'on avait montré que quelques mille francs employés à faire disparaître la cause principale de la ruine des forêts, devaient économiser des millions et des millions ; que ce n'est plus par milliers de francs qu'il faudra compter dans quelques années, quand les droits d'usage auront dénudé complètement le sol, mais que ce sera par centaines de millions, à moins que l'on ne préfère abandonner l'Algérie devenue à peu près inhabitable ; si on avait dit cela, les pouvoirs publics se seraient rendus à la raison, à moins que ce ne soit chez eux un parti pris de ne plus entendre parler de la Colonie, auquel cas leur inertie s'expliquerait, car il ne faudra pas beaucoup de temps pour que l'Algérie française ne soit plus qu'un souvenir.

---

(1) « M. Turlin persiste à penser qu'il y aurait avantage à intéresser la conservation des forêts, en leur concédant des droits d'usage, lorsqu'il y aurait nécessité démontrée. »

« Après discussion, la Commission reconnaît que l'existence des enclaves dans les forêts n'est nullement préjudiciable à leur conservation.... »

Si l'exercice des droits d'usage, entouré des moyens de surveillance qui existaient en France, a été reconnu désastreux pour les forêts, que sera-t-il ici ?

Nous nous expliquons difficilement comment des hommes qui connaissent très bien les mœurs des indigènes, aient pu concevoir que ces derniers se limiteraient jamais au strict exercice de leurs droits reconnus. C'est quand le personnel forestier est réduit à des proportions infimes et qu'il habite la plupart du temps hors forêts, que l'on propose de consacrer une fois de plus et d'étendre des mesures désastreuses.

Nous allons plus loin. On aurait ici autant de gardes forestiers que dans la métropole, soit un par 500 hectares ; ils logeraient tous en forêt, que l'Arabe trouverait encore le moyen de se jouer d'eux. S'ils sont assez lestes, assez habiles et assez solides c'est-à-dire capables de veiller 365 nuits par an, pour surprendre l'indigène chaque fois qu'il commettra un délit, oh alors ! ce ne sera plus 96,000 procès-verbaux en dix ans ; ce sera 9,600,000. Mais que dira le Sénat ?

La Commission semble n'avoir eu qu'un seul objectif : revenir, comme l'a dit l'un de ses membres « aux droits d'usage que les indigènes exerçaient avant la conquête... à la jurisprudence antérieure à l'arrêté de la Cour de cassation de 1883. »

Et pourtant elle n'ignore pas ce que les usagers faisaient des forêts avant cette époque, puisqu'un de ses membres, M. Laynaud, a dit en propres termes : « Les usagers auxquels on laissait, ainsi que vient de le dire M. Turlin, beaucoup trop de liberté d'allure dans ces parties boisées, s'attachaient à les défricher de manière à en modifier complètement la nature.... Si le service forestier n'avait pas agi ainsi, il ne resterait plus, à l'heure qu'il est, aucune compensation à prélever sur le sol boisé pour donner aux indigènes en échange de leurs droits d'usage, lorsque l'administration jugera ce rachat opportun. » (1)

(1) « Mais c'est surtout dans les 160,000 hectares de bois abandonnés aux indigènes que des abus de toute sorte se sont produits ; il importe d'autant plus d'y mettre un terme que presque tous ces bois sont situés en montagne. » Rapport sur la loi de 1885.

Comme on aurait pu objecter que l'indigène, pour une raison ou pour une autre, n'avait jamais donné et ne donnerait jamais le mauvais exemple tant reproché aux usagers français, nous avons tenu à répondre à cette objection possible par un fait topique et emprunté à la meilleure des sources.

Ce n'est pas assez, paraît-il, que le de tenter de rendre intégralement à l'indigène ses droits d'avant 1883, il faut encore remettre en ses mains des armes plus redoutables que celles des usagers français. En France, le mouton est proscrit de la forêt au même titre que la chèvre. La Commission, elle, ouvre largement les portes de la forêt au mouton. La chèvre est admise aussi, mais sous certaines réserves. Le chameau seul n'a pas su trouver grâce devant le jury; nous nous demandons pourquoi, car il n'est pas plus dangereux pour les arbres que ne le sont la chèvre et le mouton.

La chèvre sera libre de vagabonder, mais seulement dans les forêts de chêne-liège et dans les tranchées « barricadées ». Nous avons dit déjà ce que nous pensions de ce mode d'exploitation du chêne-liège par des broussailles « exubérantes »; et à ce sujet, nous avons invoqué l'autorité d'un des membres de la Commission, de M. Prax.

Quant aux tranchées barricadées, ce sera probablement avec les dix centimes accordés par arbre que l'on construira les barricades en question.

Il nous est impossible de comprendre cet engouement en faveur de la chèvre, d'une bête si dangereuse, si pernicieuse, qu'elle était partout proscrite en France, il n'y a pas bien longtemps de cela; que dans le Dauphiné, il était permis de la tuer partout où on la rencontrait.

Ce n'est pas, il est vrai, par intérêt pour elle que l'on réclame le sacrifice de la forêt, c'est par intérêt pour les populations qui jugent à propos de limiter leur travail à l'entretien de quelques animaux, qui s'entretiennent tout seuls.

Mais alors, pourquoi ne pas aller plus loin et ne pas admettre la chèvre aux mêmes faveurs que le mouton? Ce dernier animal a été, en effet, éliminé des forêts par le Code de 1827, non pas, comme cela a été dit à la Commission, parce que les pasteurs français n'en possédaient qu'un petit nombre, mais parce qu'il était aussi dangereux pour les arbres que la chèvre.

Au surplus, si c'est par humanité pour les chevriers que l'on ouvre les forêts à leurs animaux, il n'y a aucune raison pour ne pas étendre cette mesure bienveillante aux chameliers. Ceux-là aussi vivent de leurs animaux et en retirent des produits non négligeables. Nous n'entrevoyons pas, pour notre part, l'explication de cette différence de traitement.

Pour être logique jusqu'au bout, la Commission devra donc en venir là. De concessions en concessions, elle aboutira à un seul résultat : élever encore la progression déjà si effrayante que présente chaque année la déforestation.

Autant que qui que ce soit, nous souhaitons le progrès ; et nous ne sommes pas de ceux qui estiment que la contemplation du passé doit suffire aux générations présentes et futures. Mais il nous semble qu'il ne faut pas non plus faire table rase du passé; et quand nous y trouvons des institutions qui ont fait leur preuve en face de situations bien déterminées, et quand ces mêmes situations se représentent, force nous est bien d'avoir recours à ces institutions, alors que nous n'avons rien autre sous la main, alors que l'on propose des mesures qui tombent au premier souffle d'une discussion.

Que si l'on taxe d'incompétence — au point de vue local — les législateurs de 1827, de 1859, de 1874 et de 1885, on voudra bien se rappeler que Bugeaud, qui assurément montrait pour les indigènes autant de sollicitude qu'on peut en avoir depuis quelque temps dans certain milieu, que Bugeaud, disons-nous, avait prescrit des mesures draconniennes contre les chèvres. Si on avait suivi ces mesures, l'Algérie n'en serait pas aujourd'hui au régime climatérique des pays dénudés, au régime des sept vaches grasses et des sept vaches maigres.

C'était le même homme qui avait poussé jusqu'à l'excès la réglementation en fait d'abatages d'arbres. Et pourtant cet excès était un bien ! Sans suivre rigoureusement à la lettre l'arrêté de 1833, les successeurs de Bugeaud eussent dû, à notre avis, ne pas perdre de vue l'enseignement qu'il comportait. On a préféré employer les dérivés, les lénitifs, les paillatifs, etc. On a paperassé, réglementé, légiféré, tantôt dans un sens, tantôt dans un sens opposé, pour arriver aux tristes résultats actuels ?

La Commission réclame le pâturage en forêt non seulement pour les usagers, mais encore pour tout pasteur nomade qui trouvera une forêt sur son chemin. A notre avis, l'Administration se montre beaucoup trop large dans ses autorisations de parcours en forêt. Aujourd'hui le nomade en est arrivé à considérer ce parcours comme un droit, alors que l'autorisation ne devrait être accordée que dans des circonstances absolument exceptionnelles.

Les inconvénients du pâturage en forêt sont connus de tous ; nous n'avons plus à en parler ici (1). Bornons-nous à dire que si l'on adopte les idées de la Commission, à savoir que toute forêt, par cela-même qu'elle est défensable, doit être livrée aux troupeaux, ce sera donner raison, d'ici à quelques années, à M. Guichard qui viendra de nouveau affirmer qu'il n'y a pas de jeunes forêts en Algérie, et recommander cet excellent moyen d'assurer la conservation et la reproduction des forêts dans ce pays.

---

(1) « Il ne faut pas se dissimuler, dit un membre de la Commission, que l'admission des moutons au parcours cause dans les forêts, sinon au boisement, du moins au sol, notamment dans les pentes et sur les routes et chemins, de sérieux dégâts. Le piétinement de ces animaux produit des effets destructifs très connus, qui nécessitent fréquemment certains travaux dont l'exécution aura évidemment pour objet l'intérêt des usagers et l'amélioration de leurs pâturages. » La panacée proposée pour remédier à ces sérieux dégâts occasionnés *non pas au boisement mais au sol*, c'est d'imposer aux usagers des journées de prestation pour réparer le mal qu'ils ont fait. Il nous semble que le mieux serait d'éviter ce mal. Quant à compter sur les journées de

Les raisons données par la Commission à l'appui du « laisser faire » quelle réclame en faveur des indigènes, sont les mêmes que celles de MM. Ferry et Guichard.

« Mais, dit, en effet, l'exposé qui précède le projet de loi, on trouve également autour de ces boisements des populations indigènes peu avancées, plutôt pastorales qu'agricoles, qui ne peuvent remplacer par rien le bois que la forêt leur fournissait jusqu'ici ; qui ont besoin de cette forêt pour abriter leurs troupeaux contre les grandes neiges de l'hiver ou contre les chaleurs accablantes de l'été ; qui n'ont d'autre ressource pour faire vivre ces troupeaux, lorsque les terres du voisinage n'offrent plus trace de végétation. »

On ne leur a jamais refusé le bois dont elles ont besoin, et personne n'a jamais proposé de le leur refuser, car ce n'est pas l'enlèvement du bois mort et ce n'est pas non plus la délivrance des bois d'œuvre, faites dans les conditions voulues, qui ont causé et causent des dommages aux forêts.

Quant à offrir à ces messieurs la forêt comme abri, nous n'en voyons pas l'absolue nécessité. Parce qu'il leur plaît de ne rien faire, parce qu'il ne leur convient pas d'aller chercher du bois, des branches, du diss, des épines et des pierres pour construire des hangars, parce que cela dérangerait leurs habitudes, l'Etat serait obligé de tenir ses forêts gracieusement à leur disposition !

---

prestation des indigènes pour mettre les pentes et les routes en état, c'est une idée qui ne nous serait jamais venue, nous le confessons.

— Nous ne sommes pas le seul, d'ailleurs, à partager cette opinion, si nous en jugeons par l'extrait suivant emprunté aux délibérations de la Commission : « M. Muller ne croit pas à la possibilité d'obtenir par ce moyen le nettoiement des communaux. Il a pu constater par lui-même combien les indigènes recherchent peu le travail, même pour y trouver des moyens d'existence. C'est ainsi que tout récemment, au cours d'une mission, il n'a pu obtenir des indigènes de venir travailler sur un chantier que l'Administration voulait faire ouvrir, uniquement dans leur intérêt, c'est-à-dire afin de leur fournir les moyens de gagner leur vie. Le cas qu'il cite n'est pas isolé ; il est au contraire fréquent ; et il s'est précisément produit dans une région forestière analogue à celle de Jemmapes ; il s'agissait de l'ouverture d'un chemin fort utile aux indigènes eux-mêmes... »

Enfin, lorsqu'il n'y a plus d'herbe sur les terrains environnants, le pasteur a d'autres ressources que d'aller en forêt. Il peut d'abord faire des provisions de fourrage, aussi bien pour l'été que pour l'hiver; mais c'est bien pénible de couper de l'herbe et de la mettre en meule ou en silo. S'il faut l'acheter, c'est encore plus pénible. Il est bien plus simple d'aller au bois. Y trouve-t-il de l'herbe au moins? La Commission sait aussi bien que nous ce que sont les pâturages sous bois. Il y trouve de la broussaille, hélas! Et l'Administration paraît toute fière d'avoir trouvé le moyen de nettoyer ainsi ses forêts! Nous ne pouvons plus revenir sur ce point, tant nous en avons parlé de fois; à tout ce que nous avons dit, nous n'ajouterons que ces mots : « que l'on rachète autant que possible les droits d'usage, que l'on trouve vite de la terre pour procéder à des échanges. Si l'on est obligé d'avoir recours aux cantonnements-aménagements, qu'on en réduise le nombre aux plus strictes nécessités; que l'on donne enfin très largement à tous les riverains des forêts l'autorisation d'aller ramasser du bois, de l'herbe et des broussailles; en faisant cela, il nous semble que l'on se montrera très généreux. Aller au-delà serait, à notre avis, un véritable parti pris de résoudre la question des forêts par la disparition de celles-ci. »

Oh! nous savons que les pasteurs s'insurgeront, lorsqu'on leur dira qu'ils doivent construire des abris pour leurs bêtes et aller chercher eux-mêmes l'herbe et la broussaille en forêt. Ils iront porter leurs doléances jusqu'à la Présidence de la République. Il n'y aura qu'à les laisser geindre et pétitionner. Les Français ne sont pas venus ici pour encourager quelques milliers d'individus à croupir dans leurs mœurs primitives.

Une autre objection de la Commission est la suivante : « Nous avons à faire à une population hors d'état de comprendre l'intérêt supérieur de la conservation des forêts. » Il nous sera permis de ne voir dans cette objection qu'un simple argument à l'appui des nombreuses difficultés que rencontre souvent le peuple conquérant dans son œuvre de civilisation

S'il s'agissait d'une objection ferme, nous aurions alors à répondre que cette population ne comprendra pas davantage parce que l'on aura adouci les pénalités primitives. La répression, si atténuée qu'elle soit, sera toujours pour elle la répression. Elle ne verra dans cette nouvelle façon de faire qu'un recul provoqué par ses exigences. Quant au régime de large tolérance en matière d'usages que l'on introduira, l'indigène n'y verra que la conséquence d'un ordre donné par ses protecteurs. Tel sera le résultat !

III

On vient de voir que la loi française suffira pour arrêter le cataclysme qui nous menace. Nous pourrions nous en tenir à la démonstration que nous venons de faire ; mais on ne saurait jamais trop s'expliquer, quand il s'agit de questions entraînant d'aussi graves conséquences que celle de la question forestière.

Nous avons exposé que le Code de 1827 contenait les armes dont l'Algérie avait besoin contre son pire ennemi, le pasteur indigène ; et que le Code que l'on offrait pour le remplacer serait insuffisant. Mais nous n'avons pas prétendu pour cela que les départements algériens du territoire français devraient être, sans restriction aucune, soumis à toutes les lois de droit commun édictées pour la Métropole.

Ce n'est pas lorsque la loi la plus lourde, l'impôt du sang comme on l'appelle, a été l'objet d'adoucissements justifiés d'ailleurs, de tempéraments considérables en faveur des algériens, qu'une pareille thèse serait soutenable un seul instant. Personne d'ailleurs n'a poussé la niaiserie jusqu'à prétendre que l'Algérie dût, purement et simplement, être assimilée à la Métropole. Ce sont là des inepties que les particularistes algériens prêtent, à défaut d'arguments, à ceux qui ne partagent pas leurs idées.

Un traitement particulier en fait de législation est donc nécessaire à l'Algérie, soit en raison de son climat, soit à cause du peuple conquis, soit à cause des besoins du peuple qui veut conquérir un pays à la colonisation. Il n'est pas douteux que de larges tempéraments doivent être apportés aux lois qui sont faites pour un pays très différent du nôtre à beaucoup de points de vue; mais de là à demander des Codes spéciaux il y a loin, il y a très loin; et pour notre part, nous combattrons toujours et énergiquement de pareilles tendances.

Pour ne parler que du Code forestier, sachons donc nous en contenter; ne soyons pas plus exigeants que nos concitoyens de la Métropole; et s'il doit être remanié, soyons assez modestes pour ne pas en réclamer nous-mêmes la réforme; enfin, ne nous montrons pas égoïstes en demandant cette réforme pour nous seuls.

Quant aux modifications, aux atténuations à apporter dans l'application de certains articles de ce Code, nous pensons que la plupart, pour ne pas dire toutes, pourraient être obtenues à l'aide de simples instructions ministérielles.

Il est certain que le Code forestier est loin d'être appliqué de la même façon dans l'Est et dans le Midi de la France, dans l'Ouest et dans les Pyrénées, dans le département de la Seine comme en Corse. De simples instructions ont suffi pour que partout on procédât au mieux des intérêts des populations et de l'Etat.

Il est même des régions où il n'a pas été besoin d'instructions ministérielles, pour arriver à appliquer le Code forestier sans susciter de bruyantes réclamations. Un peu de tact de la part du représentant du Gouvernement et de la part des élus des populations a amené l'entente avec l'administration forestière, laquelle, ainsi bien en France qu'en Algérie, a toujours su se montrer très tolérante.

Ici donc, s'il était démontré qu'on ne peut arriver à cette entente, on pourrait avoir recours à des instructions ministérielles, lesquelles seraient basées sur les avis donnés par les intéressés, par les Préfets et par les Conservateurs des forêts.

S'il était reconnu que ces décisions et ces instructions ne suffiraient pas, rien n'empêcherait d'avoir recours à la loi pour obtenir une codification des réglementations reconnues nécessaires.

Nous ne sommes pas hostile de parti-pris à cette réglementation légale. En France, on a bien une législation spéciale pour les forêts des Maures et de l'Esterel, et pour la Corse ; ce ne serait donc pas commettre une dérogation unique aux principes de la législation française, si à côté du Code forestier, subsistant toujours dans ses prescriptions fondamentales, on demandait une consécration légale de certaines mesures. Les deux lois de 1874 et de 1885 ont besoin d'être remaniées, cela est certain. On pourrait dès lors saisir cette occasion pour fondre dans une loi unique tout ce qui est spécial à l'Algérie en matière forestière.

Nous verrions deux avantages à cette détermination. D'abord, le principe de l'assimilation au droit commun serait respecté (au point de vue moral et au point de vue des conséquences dans l'avenir, nous attachons, pour notre part, la plus grande importance à ce respect des lois françaises). Ensuite, on n'aurait pas, comme le propose la Commission, un Code forestier tellement modifié, tellement bouleversé dans l'ordre des textes, qu'il faudrait imposer une nouvelle étude aux magistrats et aux agents forestiers venant de France. Si des textes du Code étaient changés, une simple note en renvoi indiquerait l'article de la loi spéciale qui les aurait modifiés en vue de leur application en Algérie.

Nous ajoutons que la loi spéciale à l'Algérie pourra subir, sans qu'on y fasse opposition, telles transformations commandées par les circonstances, les évènements et les progrès accomplis. On ne trouvera pas surprenant, au Parlement, ces transformations d'une législation, spécialisée déjà en vue de certains besoins, ces besoins pouvant, devant se transformer à tous moments pour ainsi dire. Pourrait-on, s'il s'agissait d'un Code, y revenir ainsi à tout instant? Evidemment, non!

Enfin, ce qui nous paraît devoir lever toutes les hésitations, c'est que, de l'aveu même de la Commission, il faudrait au moins trois codes forestiers pour l'Algérie, un pour chaque région. A notre avis, si l'on entre dans cette voie, les trois codes ne suffiraient même pas. Les Hauts-Plateaux du département de Constantine ne ressemblent pas, en effet, à ceux du département d'Oran. Sur les Hauts-Plateaux du centre, il y a des régions bien dissemblables; et dans le Tell, que de régions différentes! Ira-t-on demander un code spécial pour chacune d'elles? C'est alors que le Parlement passerait son temps à réviser le Code forestier de l'Algérie (1); c'est alors que magistrats, géographes et administrateurs discuteraient chaque jour à propos des limites de toutes ces régions placées chacune sous un code différent (2).

---

(1) Surtout si l'on introduit dans un code des termes tels que ceux de Djemmâa, de Contributions diverses, de Gouverneur Général, de Conseil de Gouvernement, toutes institutions éventuelles et qui peuvent disparaître d'un moment à l'autre.

(2) A notre sens, les huit dixièmes des modifications proposées par la Commission rentrent dans la catégorie des mesures qui seraient prises par l'administration centrale ou locale. Les deux autres dixièmes seraient dès lors incorporés dans la législation forestière spéciale de l'Algérie, laquelle serait unifiée.

Parmi ces dernières, nous nous permettrons de signaler à la Commission deux omissions qui, celles-là, devront être tranchées par le législateur. Elle a prévu l'extraction, le vol et le recel du liège. Elle aurait dû, à notre avis, prévoir aussi l'extraction maladroite, celle qui déchire la *mère*, et demander pour ce cas une pénalité sévère.

Elle aurait dû aussi demander la spécification de ce que l'on entend par pente, à propos de défrichements. Où commence la pente pour un terrain à défricher? où finit-elle? On n'en sait rien. Ce point est cependant à déterminer dans un pays où la montagne constitue les huit dixièmes du sol.

A propos de défrichement des bois, elle a supprimé deux des clauses que le Code forestier oppose à l'abatage des arbres nécessaires à la salubrité publique, et à la défense des zones frontières.

Il a fallu que la Commission ait de bien graves raisons pour supprimer ainsi, d'un trait de plume, une clause qui a trait à la défense du

Nous avons enfin à examiner le projet de Code forestier spécial à un autre point de vue.

Ce n'est pas sans de grandes appréhensions que nous verrions s'établir un précédent tel que celui qui consisterait à doter l'Algérie d'un Code forestier spécial. A notre avis, ce serait ouvrir toute grande la porte aux autres Codes spéciaux. Voici déjà que, dans une assemblée départementale, on a demandé un Code pénal spécial, un régime pénitentiaire spécial et une responsabilité collective spéciale. On parle aussi de spécialiser le Code de procédure et de coraniser quelque peu le Code civil. Avec le Code de l'indigénat, que l'on se propose d'augmenter considérablement dans sa nouvelle et prochaine édition, on finira par avoir en Algérie une législation qui aura autant de rapports avec celle de la Métropole qu'avec celle de la Chine.

La législation spéciale indigène ne nous paraît pas un excellent moyen de rapprocher les deux races en présence ; car il est généralement admis que l'unité de législation est la condition première à remplir pour obtenir la fusion des peuples. Quant à la législation *franco-algérienne*, nous ignorons si elle resserrera les liens d'union entre les Français de France et les Français d'Algérie ; mais ce que nous savons, c'est qu'elle réjouira les étran-

---

territoire. Quant à la première clause, nous estimons que c'est à tort qu'on l'a supprimée. Dans tous les pays du monde, l'influence bienfaisante des arbres au point de vue de la salubrité est reconnue. Ici, les exemples abondent de contrées devenues malsaines à la suite de la disparition de bois qui les protégeaient contre les effluves des marais. D'un autre côté, il a suffit bien souvent d'établir des rideaux d'arbres pour protéger des villages, des fermes, contre les émanations des contrées marécageuses. Si la Commission a, avec raison, supprimé la clause en question pour les broussailles, elle eût dû, ce nous semble, la maintenir pour les arbres.

Enfin, au point de vue du défrichement des broussailles appartenant aux particuliers, on eût pu permettre ce défrichement, à condition de remplacer ces broussailles par des arbres de production, tels que l'amandier, le figuier et l'olivier.

gers établis à nos côtés et qui sont plus nombreux que nous sur ce sol français (1).

En résumé, nous demandons le maintien du Code forestier métropolitain pour les raisons que nous avons données plus haut, et surtout parce qu'un Code forestier algérien établirait un précédent des plus fâcheux. C'est là, à véritablement parler, une manifestation anti-nationale, bien qu'une Chambre française l'ait en quelque sorte prise sous son patronage. Pour notre part, nous estimons qu'il y a lieu tout d'abord de créer ici l'unité nationale et de l'asseoir sur des bases inébranlables.

Que l'on commence donc, par faire de l'Algérie un pays français, un pays indissolublement lié à la Mère-Patrie. Après cela, on verra à parler d'autonomie. Mais, alors que l'élément étranger nous domine, jeter les germes d'un régime différent de celui de la France, serait uniquement travailler pour ceux qui, d'un œil jaloux, convoitent depuis bien longtemps déjà ce pays que l'on appelle avec raison « le plus beau joyau de la couronne ».

(1) Nous ne comptons pas les étrangers naturalisés parmi les Français. Ce serait pure illusion que de voir des citoyens français dans ces naturalisés d'occasion. « Ils ne sont pas français, disent-ils tous sans exception ; ils sont algériens ! »

ALGER — IMPRIMERIE CASABIANCA

nous écouter quand même, car il y va de la vie de leurs protégés. En effet, au train dont vont les choses, les Arabes eux-mêmes finiront par sécher quand les Français auront disparu. De vos propres mains, Messieurs les Sénateurs, vous aurez creusé leur tombe et voilà à quoi auront abouti ces folles dépenses de tendresse et de sollicitude ; dans l'intérêt de vos chers clients, faites donc respecter nos forêts. Nous nous permettrons de demander seulement qu'on veuille bien autoriser les colons à profiter un peu de l'ombre des arbres qui seront plantés à l'intention des bédouins et à prendre part — une part aussi petite que l'on voudra — aux bienfaits du reboisement.

Afin que ce que nous avons déjà dit et ce que nous aurons à dire des indigènes, ne reçoive pas une interprétation contraire à nos pensées, à nos intentions et aussi à nos écrits, nous avons à faire ici une déclaration avant d'aborder notre sujet : Bien longtemps avant qu'on ne s'émeuve au Sénat sur le sort des indigènes, bien avant que tous les membres de cette Assemblée ne se soient enrôlés dans les rangs de la croisade prêchée par de remarquables orateurs, nous avions, pour notre part, appelé l'attention des pouvoirs publics sur la situation des indigènes. Nous avions cru toutefois ne pas devoir nous borner à trouver un bouc émissaire. Nous avions recherché toutes les causes de cette situation et nous avions indiqué les remèdes à leur opposer.

Nos conclusions étaient qu'en appliquant ces moyens, on relèverait la race conquise, et que si l'on n'arrivait pas à son assimilation complète avec la race conquérante, on obtiendrait très certainement un rapprochement tel entre les deux peuples, qu'ils se soutiendraient mutuellement et concourraient également au maintien de la domination française et à l'extension de la colonisation.

Si donc, au cours de ces pages, MM. les Sénateurs ont vu ou voient dans certaines de nos expressions et de nos propositions une excitation à la haine et au mépris de leurs clients, nous les prions de vouloir bien se rappeler que nous avons donné la preuve de notre impartialité vis-à-vis des indigènes ; que depuis des années nous avons demandé que l'on respectât scrupuleusement leurs droits et leurs intérêts, et que l'on donnât satisfaction entière à leurs légitimes besoins.

Seulement, moins fougueux que les croisés du Sénat, nous avons su nous garder de tout entraînement, de toute réaction exagérée ; et, tout en déclarant très respectables les intérêts et les droits des indigènes, nous avons pensé qu'on voudrait bien considérer comme également dignes de respect ceux des colons. A notre très humble avis, il n'y a aucune raison de sacrifier les seconds aux premiers ; et, dussions-nous être anathématisé, nous n'hésitons pas à déclarer qu'en cas de conflit ou d'incompatibilité d'intérêts, c'est l'indigène qui doit céder. Comme on a appelé, et que l'on appelle encore des Français en Algérie, c'est apparemment pour faire de ce pays, si chèrement conquis, un pays français et non un pays musulman ; c'est pour cette raison que nous ne croyons pas outrager le bon sens en soutenant que l'intérêt du civilisateur doit primer celui du barbare, et que l'on fait à l'indigène un très grand honneur en l'associant, même malgré lui, même à son détriment passager, à l'œuvre que poursuit la France dans ce pays.

Nous demandons donc qu'on ne nous taxe pas de partialité vis-à-vis des Arabes. Nous croyons nous être montré jusqu'à présent leur défenseur prudent et leur ami sincère ; et nous estimons qu'en indiquant les limites qu'il importait de ne pas dépasser, nous avons beaucoup plus fait pour eux que ceux qui sont tout prêts à leur céder leur siège de sénateur. C'est pourquoi il nous serait très désagréable, après avoir été traité d'arabophile en Algérie, de nous voir traité d'arabophobe par les sénateurs et d'arabophage par la Commission des Dix-Huit. C'est pourquoi nous appelons de tous nos vœux la fin d'une réaction, qui n'est pas éloignée de trouver mauvais que des citoyens français continuent à aller en Algérie, le voisinage du Roumi déplaisant souverainement à messieurs les Arbis ou plutôt à quelques-uns de ces messieurs.

LE RAPPORT DE M. J. FERRY

Afin de n'être pas accusé d'avoir, pour les besoins de la cause, laissé dans l'ombre une partie quelconque du rapport de M. J. Ferry, nous allons passer ce document en revue paragraphe par paragraphe, sans en omettre une seule ligne. Le procédé manque d'ampleur, nous en convenons; et nous n'ignorons pas que si nous avions pu mettre sous les yeux du lecteur un retentissant plaidoyer, que nous eussions demandé à la plume d'un styliste de haute marque, nous aurions peut-être été suivi jusqu'au bout par tous ceux qu'un premier bon mouvement ou seulement la curiosité ont conduit jusqu'à cette page. Tandis que la plupart vont s'empresser d'abandonner l'importun, dès qu'ils constateront la peu élégante tournure que prend la discussion, le vulgaire terre-à-terre de cette discussion et le mauvais goût d'un monsieur qui ose disséquer une admirable œuvre d'art, la couper par tranches et à coté de ces tronçons du monument apporter quoi? Des faits et des arguments! Quelque soit le regret que nous éprouvions à n'être pas goûté de nombreux hommes politiques, nous persistons dans notre manière de présenter la défense des forêts de l'Algérie; les dévoués qui après l'épreuve se joindront à nous, apporteront à cette défense un concours plus efficace que des amateurs toujours prêts à applaudir les opinions les plus diverses, pourvu qu'elles soient exprimées par des virtuoses de la parole ou de la plume.

« La question forestière est une des plus importantes du problème algérien. Elle peut être considérée sous des aspects divers. Un rapport spécial sera fait, au nom de votre commission, sur l'exploitation, les méthodes de culture, la gestion et les produits de cet immense domaine. Je ne veux ici l'envisager qu'à un seul point de vue, qui n'a rien de technique : la part qu'il convient de faire à l'intervention de la métropole et à l'initiative des pouvoirs locaux. »

La question forestière est, de l'avis de M. J. Ferry, une des plus importantes parmi les questions algériennes. De plus, elle est complexe, car pour la résoudre il y a à étudier l'état du domaine forestier ; les revenus actuels et les revenus de l'avenir; le programme à établir pour obtenir des résultats au point de vue financier; les réformes à apporter dans les modes d'exploitation ; les méthodes de culture ; le recrutement du personnel ; les amendements à apporter à la législation forestière, etc., etc.

Il y a aussi, en dehors de toutes autres préoccupations, à étudier, à préciser le rôle considérable que la forêt doit jouer dans ce pays ; et c'est évidemment ce côté de la question qui donne à celle-ci l'importance dont parle M. Ferry.

Eh bien ! quand tout cela reste à examiner, à étudier, à approfondir, que vient-on proposer ? De décider d'ores et déjà ce que sera, dans tout ce qui est à créer ou à modifier, la part du pouvoir central et celle des pouvoirs locaux.

Que sortira-t-il du travail de la Commission ? Que résultera-t-il des enquêtes auxquelles se livrera la Commission auprès des intéressés et des administrations ? Qu'adviendra-t-il après les discussions à la tribune, qui suivront le dépôt du rapport de la Commission ? Cela importe peu. Ce qui importe, c'est de savoir entre quelles mains on remettra la direction d'affaires dont on ne connaît ni la nature, ni le caractère, ni la complexité, ni les corrélations avec les autres questions algériennes, d'affaires en un mot qui sont à l'étude.

On reconnaîtra sans peine que c'est là une façon de procéder qui n'a rien de commun avec la logique. Jusqu'à ce jour, on n'établissait la synthèse d'un organisme qu'après en avoir fait scrupuleusement l'analyse. Aujourd'hui, on a changé tout cela. On commence par la fin. L'obsession de l'idée fixe des pouvoirs forts peut seule expliquer un tel oubli des règles les plus élémentaires de la méthode.

« **Avant 1881**, l'administration forestière de l'Algérie était constituée comme il suit :

» De 1838 à 1849, le service des forêts avait été placé sous un chef unique résidant à Alger. Le 16 juin 1849, il fut créé, dans chacune des trois provinces, un chef de service qui relevait du préfet en territoire civil, des généraux de division en territoire militaire. »

Il est à regretter que M. J. Ferry ait autant écourté cet historique. Il eut été intéressant, en effet, de montrer aux personnes que l'on voulait éclairer comment, sous le régime militaire, les pouvoirs forts d'alors, c'est-à-dire les Ministres de la guerre, possédaient l'omniscience en matière d'affaires algériennes, et couronnaient leur œuvre, en matière de forêts, par l'abandon à des favoris du plus beau joyau du domaine forestier. Ce détail rétrospectif eut été très certainement remarqué et eut jeté quelque lumière sur la campagne actuelle en faveur du retour aux dits pouvoirs forts que l'on veut rétablir, sous une autre forme, il est vrai, mais qui n'en est pas moins aussi dangereuse que la première.

« **En 1873**, un inspecteur général des aménagements, forestier de haute compétence, M. Tassy, envoyé à Alger en mission spéciale, conseillait « avant toutes choses » et comme une mesure « indispensable », la création, à Alger, d'une direction centrale des forêts de la Colonie, avec entrée du titulaire au Conseil de gouvernement.

» Ce rapport servit de base au décret organique du 27 septembre 1873, dont les dispositions, très brèves mais très précises, sont utiles à rapporter :

» Art. 1er. — Le service forestier de l'Algérie demeure rattaché au Gouvernement général.

» Il est centralisé, à Alger, entre les mains d'un conservateur, qui exerce, sous l'autorité du directeur général des affaires civiles et financières, toutes les attributions dévolues aux conservateurs de France. Le chef des services départementaux des forêts correspondra directement avec lui.

» Art. 2. — Il sera procédé, dans un délai aussi rapproché que possible, à la reconnaissance définitive et à la délimitation du sol forestier, ainsi qu'à la soumission au régime forestier des forêts ou portions de forêts qui seront reconnues exploitables ou nécessaires pour le régime des eaux.

» Art. 3. — Des arrêtés du Gouverneur général civil, délibérés en Conseil de gouvernement, peuvent suspendre temporairement la soumission au régime forestier des forêts situées sur des territoires où l'état politique des populations ne comporte pas l'application ou le maintien de ce régime. »

Monsieur Tassy, suivant le rapporteur, serait l'inspirateur de la partie du décret de 1873 qui rattachait les forêts au Gouvernement général. Ce fonctionnaire ayant demandé la création d'une direction spéciale du Service forestier à Alger, le rapporteur en a conclu que celui-ci était partisan du rattachement. Tous les exemplaires de l'enquête Tassy n'ont fort heureusement pas encore disparu; et voici ce qu'on y peut lire à l'appui de l'opinion qui lui est attribuée aussi gratuitement :

« Quant aux territoires où l'administration civile pourra être installée, le bon sens veut que désormais le Service forestier jouisse de toute la plénitude du pouvoir qui lui a été conféré par le Code forestier, et n'ait pas à se conformer *aux exigences d'une autorité qui ne saurait, aussi bien que lui, apprécier l'importance des intérêts pour la protection desquels il a été institué.* »

Est-elle assez topique cette réponse faite par avance au décret de 1873, décret que l'on voudrait rééditer aujourd'hui ? Nous ajouterons que les lignes reproduites ci-dessus et que nous avons soulignées en partie, précèdent immédiatement la citation empruntée par M. J. Ferry au travail de M. Tassy.

En vérité, nous ne savons que penser de tels procédés. Il est évident que M. J. Ferry a été trompé par la ou les personnes chargées par lui de recueillir des documents, et que tout l'odieux de cette conduite retombe sur ces personnes. Mais il en est pas moins regrettable de voir un rapporteur ne pas prendre le temps de vérifier, de contrôler des textes attribués à la plus haute autorité qui existe actuellement en matière de forêts.

Que M. Tassy ait voulu que le Service forestier fût représenté au Conseil supérieur, cela n'est pas douteux. Il voulait que quelqu'un de compétent et d'autorisé fût là pour couper court immédiatement aux projets insensés qui de temps à autre prenaient naissance dans cette Assemblée éminemment supérieure ; il voulait qu'il y eût là un fonctionnaire indépendant et d'ordre assez élevé pour tenir tête aux fantaisies des gouverneurs, et pour corriger aux besoins les membres aussi incompétents que mal élevés qui se permettaient de traiter d'ignares les fonctionnaires forestiers, avec la haute approbation du Président du Conseil.

Mais de là à représenter M. Tassy comme un partisan résolu du rattachement du Service forestier au Gouvernement général, il y a loin, bien loin. Il y était formellement opposé, on vient de le voir.

Son opinion n'a pas varié depuis cette époque ; voici, en effet, un passage de son livre « Aménagement des forêts » paru en 1887 :

« ... En présence de ces perspectives qui n'ont rien d'excessif, voulons-nous persévérer dans notre insouciance ?

» Si oui, alors, déchargeons l'Administration publique d'une gestion qu'elle est impuissante à exercer utilement ; abandonnons les forêts au *laisser faire et laisser passer* des économistes ; livrons les forêts communales aux municipalités qui en feront ce que bon leur semblera ; livrons les forêts domaniales à la spéculation qui les convoite.

» Si non, alors ne marchandons pas au service forestier l'autorité légale et les ressources financières dont il a besoin pour accomplir sa mission ; traitons les questions forestières d'une autre façon ; traitons-les comme des affaires d'Etat ; élevons-les au-dessus des fluctuations de la politique courante, des convoitises ou des récriminations individuelles et surtout des influences électorales ; ... envisageons enfin les intérêts forestiers comme on ne dédaignait pas de le faire sous les anciens gouvernements, quoique l'on eût, pour s'en distraire, d'aussi fortes raisons que celles qu'on pourrait alléguer aujourd'hui... »

L'homme qui estime que les questions forestières doivent être élevées au-dessus des fluctuations de la politique, des convoitises individuelles et surtout des influences électorales, ne pouvait songer à confier les intérêts forestiers de l'Algérie à un fonctionnaire qui, par la nature de ses fonctions spéciales, est plus que tout autre soumis aux vicissitudes de la politique (la moyenne de leur existence est de 4 ans depuis 1870) ; qui ne peut vivre qu'à condition de donner satisfaction à toutes les convoitises ; et qui enfin est le prisonnier ou l'exécuteur docile des électeurs influents.

C'est, en définitive, bien à tort que l'on a fait intervenir M. Tassy comme favorable aux idées du jour.

Pour notre part, nous n'avons pas toutefois à regretter cette intervention, car elle nous a donné l'occasion d'abord de rétablir la vérité, ensuite de revendiquer comme un des nôtres celui dont on travestissait les idées, pour couvrir de sa haute autorité les projets de la Commission sénatoriale.

« En 1878, M. Teisserenc de Bort envoyait en Algérie M. Niepce, conservateur des forêts, avec mission « de prendre » possession, au nom du département ministériel, des mas» sifs boisés qui pourraient être gérés *d'après les mêmes » principes et suivant les mêmes règles que les forêts de » France.* »

» M. Niepce procéda sur place à cet inventaire. Sur 2,498,612 hectares de forêts détenues par l'Etat, — les unes en vertu des opérations du sénatus-consulte de 1863, les autres en vertu de la présomption légale de la loi du 16 juin 1851, laquelle déclare les forêts biens de l'Etat, sous la réserve des droits de propriété et d'usage antérieurement acquis, — il ne trouva que 55,643 hectares susceptibles d'être assimilés ; il restait, en définitive, 2,442,969 hectares qui ne pouvaient être gérés d'après les mêmes principes et suivant les mêmes règles que les forêts de France. La question paraissait tranchée ; ces massifs susceptibles d'être traités à la française, semés comme des îlots sur ce chaos forestier, ne pouvaient pas même former une circonscription administrative ; le Ministre refusa d'en prononcer le rattachement. »

Nous n'avons pu nous procurer le rapport de M. Niepce; nous le regrettons, car nous aurions bien voulu connaître l'opinion formelle de ce fonctionnaire. Non pas que nous craignions que l'on ait traduit cette opinion comme on avait accommodé celle de M. Tassy; mais nous eussions été bien aise d'être éclairé et édifié à cet égard.

A défaut, nous nous contenterons du texte même du rapport sénatorial. Que voit-on dans ce document? M. Niepce est chargé de prendre possession des massifs boisés qui peuvent être « *gérés d'après les mêmes principes et suivant les mêmes règles que les forêts de France.* »

Qu'est-ce que cela veut dire? Il nous semble qu'il est impossible de tirer du rapport autre chose que la conclusion suivante: M. Niepce, après enquête et examen n'a trouvé en Algérie que 53,643 hectares de véritables forêts, semblables à celles de la Métropole et susceptibles comme celles-ci d'être soumises à un régime normal de surveillance, d'aménagement et d'exploitation. Mais cela, M. Tassy l'avait déjà dit en toutes lettres dans son rapport de 1872. Dans ce rapport, voici en effet, comment il s'exprime: «... Pour moi, j'oserai assurer qu'il ne reste des futaies offrant quelques ressources, immédiatement exploitables, que dans les régions supérieures du Tell; et ce qui les a préservées d'une destruction complète, c'est la difficulté de la vidange. Partout ailleurs et sur les TROIS CINQUIÈMES AU MOINS de l'étendue totale du sol forestier, il n'y a que des mauvais taillis ou des broussailles. »

M. Niepce n'a donc, en réalité, fait que constater de nouveau la situation relevée une première fois par son prédécesseur; et comme ce dernier, il a conclu qu'une faible part de forêts pouvait être seule traitée et exploitée comme celles de la Métropole. Evidemment il n'a pas tiré, il ne pouvait tirer d'autre conclusion de ce fait.

D'ailleurs, le rapport sénatorial reste dans des termes très vagues au sujet de la suite donnée à l'enquête Niepce. « Le Ministre refusa de prononcer le rattachement » du chaos forestier, nous dit-on. Cela veut-il dire qu'il demanda la distraction de ce chaos du domaine de l'Etat et son abandon pur et simple aux mains des indigènes ou à la discrétion d'un fonctionnaire ? Nous nous imaginons difficilement un ministre proposant l'aliénation, sous une forme ou sous une autre, de 2,442,969 hectares sur les 2,468,612 du Domaine. Une telle proposition eut amené son internement d'office dans un asile.

Au surplus, si quelqu'un, d'après le paragraphe consacré à M. Niepce, persistait encore à voir dans ce fonctionnaire un partisan de la remise du service forestier au Gouvernement Général, nous le prierions de vouloir bien prendre connaissance des lignes suivantes empruntées à un article intitulé : *La guerre aux forêts de l'Algérie :*

« C'est cette force (de résistance de l'administration métropolitaine) qui a suscité toutes les colères ; c'est elle que l'on veut briser et c'est contre elle qu'est dirigée toute cette campagne de presse qui, prenant des détours, attaque le Service forestier depuis plusieurs années.

Ceux qui la mènent ont trouvé de puissants appuis qui la rendent inquiétante. La Commission sénatoriale qui est allée l'an dernier en Algérie a été circonvenue et paraît avoir pris parti contre les rattachements.

M. le Sénateur Guichard, rapporteur de la commission, leur est ouvertement hostile, et s'en réfère d'ailleurs dans ses conclusions au rapport antérieur de son président, M. J. Ferry.

En lisant ce document, il est attristant de voir combien les renseignements fournis à l'honorable Sénateur, ont été puisés à mauvaise source.

...Attaqué par de si hautes personnalités, le régime des rattachements n'en est pas moins sérieusement menacé. Il est cependant la meilleure sauvegarde des forêts de l'Algérie.. » (1)

Ces lignes sont signées S. Niepce.

De ceci, il résulte que M. le Président de la Commission sénatoriale n'a pas été plus heureux

(1) *In. Revue des Eaux et Forêts,* 10 avril 1893.

en appelant M. Niepce à son secours, qu'il ne l'a été en invoquant l'autorité de M. Tassy.

« Mais les partisans de l'assimilation quand même ne s'arrêtaient pas à d'aussi mesquines considérations. Les députés algériens, rapporteurs du budget de l'Algérie, voulaient le rattachement total. En 1880, l'honorable M. Girerd, sous-secrétaire d'Etat au Ministère de l'Agriculture et Président du Conseil d'administration des forêts, le voulait aussi. Devant la Commission des rattachements, l'affaire fut vite entendue. Ce sont toujours les mêmes et brèves raisons, *brèvitas imperatoria*. Un seul membre, M. Villet, conseiller maître à la Cour des comptes, résiste et déclare que l'administration métropolitaine est « incompétente » pour résoudre les questions innombrables et si délicates de tribu, de famille, de propriété arabes qui soulèvent à chaque pas, en Algérie, les droits d'usage perdus dans la nuit du temps, les antiques enclaves, les prescriptions plusieurs fois séculaires. Il lui fut répliqué que l'administration française est la première du monde, et que si elle ne sait rien de toutes ces choses, elle aura le temps de les apprendre. Tout fait craindre malheureusement qu'elle ne les ait pas suffisamment apprises. »

Chacun en a, comme on voit, en raison du nombre de ses galons. Ce sont d'abord les assimilateurs qui reçoivent les premiers coups ; on les ménage toutefois, car on ne les traite plus, comme autrefois, d'assimilateurs à outrance. Il y a atténuation ; il y a progrès ; ils ne sont plus que des assimilateurs quand même. La différence n'est pas bien grande, mais il faut savoir se contenter de peu. Puis viennent les députés algériens, ces « rapporteurs du budget de l'Algérie ». Nous saisissons toute l'étendue de ce reproche ; mais nous devons faire remarquer toutefois qu'ils ne se sont jamais nommés eux-mêmes rapporteurs du budget. De M. Girerd, on ne dit pas grand'chose, sinon qu'il « le voulait aussi ». Nous supposons qu'il devait avoir ses raisons pour exprimer sa volonté aussi fermement ; et ses raisons devaient avoir quelque valeur, car la compétence de l'ancien sous-secrétaire d'Etat était admise sans conteste par tous les hommes qui, en connaissance de cause, s'occupaient des questions forestières; et la Commission sénatoriale ne se formalisera pas si nous prétendons que cette compétence égalait au moins celle de chacun de ses membres, sans exception aucune.

Quant à la Commission des rattachements, on lui a dit son fait en deux mots; elle s'est inclinée onctueusement devant la « *brevitas imperatoria* » se bornant à répondre à M. Villet « que l'administration française était la première du monde, et que si elle ne sait rien de toutes ces choses, elle aura le temps de les apprendre ». Nous avons eu occasion de voir souvent l'administration sur la sellette; mais nous devons reconnaître que jamais, en aussi peu de mots, elle n'a été aussi persiflée que par l'ancien Président du Conseil...

Seul, M. Villet a eu l'énergie de protester contre tous ces gens obstinément entichés d'idées baroques : l'administration métropolitaine était « incompétente ». Mais il paraît que ce *veto* n'a pas eu le don d'émouvoir la Commission. Nous rendons hommage au courage malheureux du Conseiller de la Cour des Comptes et apprécions dans une certaine mesure l'importance de son *distinguo*.

Il faut distinguer, en effet; ainsi, par exemple, M. Villet était incompétent à Paris; mais qu'on l'eût nommé gouverneur, sous-gouverneur ou même simplement conseiller de gouvernement, aussitôt à son bureau d'Alger il fût devenu extrêmement compétent; il eût délibéré immédiatement sur « les droits d'usage perdus dans la nuit des temps, les antiques enclaves, les prescriptions plusieurs fois séculaires » *de omni re scibili* enfin, et surtout *de quibusdam aliis;* et eût morigéné, le lendemain de son arrivée, les Parisiens qui eussent voulu mettre le nez dans ses affaires.

Il n'est guère possible de donner une explication satisfaisante de cette transmutation des aptitudes; mais il en est de cette transmutation comme de celle des forces dans la nature : la chaleur se transforme en électricité; on ne ne sait pas pourquoi, mais le fait n'en existe pas moins.

Quoi qu'il en soit, M. Villet a été le seul opposant au rattachement des forêts. Nous ne voulons pas tirer un bruyant parti de son isolement au milieu de ses collègues, attendu qu'il n'est pas rare de voir dans les assemblées la minorité, même réduite à une unité, représenter l'opinion vraie. Mais cependant nous ne croyons pas qu'on nous sache mauvais gré de faire ressortir que ce fonctionnaire a été le seul de son opinion dans une commission, dont les membres n'avaient pas été ramassés dans la rue et au hasard. Il y avait là des noms qui pouvaient soutenir la comparaison avec celui du précurseur des idées en faveur aujourd'hui.

« Tout fait craindre, malheureusement, dit M. J. Ferry, qu'elle (l'administration) ne les ait pas suffisamment apprises (les choses d'Algérie). » Nous ne connaissons pas exactement le degré de science ou d'ignorance de l'Administration sur ce sujet; avec M. Ferry, nous croyons cependant qu'elle a, en effet, beaucoup à apprendre.

Qu'il nous soit permis toutefois de réclamer un peu d'indulgence en sa faveur, tout au moins en faveur des pauvres diables dont les rapports ont illustré tant de nos législateurs modernes. Nous comprenons qu'à la Commission sénatoriale, composée tout entière de professeurs émérites connaissant le fonds et le tréfonds des affaires algériennes, on se montre un peu dur vis-à-vis de gens qui ont eu le tort de ne pas être en situation de se faire sacrer grands hommes par le suffrage universel ou par le suffrage restreint. Un peu d'indulgence n'eut pas nui toutefois à sa considération.

Certes, nous n'entendons pas soutenir que l'administration française ne mérite pas une grande partie des critiques dirigées contre elle par le plus humble des citoyens comme par les sénateurs les plus éminents ; nous estimons seulement qu'il y a dans toutes les administrations beaucoup de sujets intelligents et qui ne demandent qu'à mettre en relief leur activité et leur intelligence. Les critiquer du haut de la tribune, cela est très bien ; mais ce qui serait mieux, ce serait de briser les errements qui font, au bout de quelques années, de ces hommes d'avenir des soliveaux opposant au progrès leur force d'inertie. Les représentants du peuple préfèrent se déclarer impuissants devant la bureaucratie ; mais cet aveu d'impuissance de la part de nos souverains n'est-il pas seulement un prétexte ?

« Les administrations qui ont un passé et une histoire, et en particulier celles qui reçoivent dans un séminaire administratif, soigneusement recruté et entretenu, l'éducation professionnelle, et qui s'y forment à cet ensemble de vues, de traditions et de sentiments que l'on appelle l'esprit de corps, ces administrations ne se referont pas. Elles sont ce qu'elles sont et leur force vient précisément de ce qu'elles ne sauraient être autrement. L'Ecole forestière de Nancy date de 1824, le Code forestier est devenu loi de l'Etat le 31 juillet 1827. Historiquement, intellectuellement, administrativement, le Code et l'Ecole sont inséparables. Le Code est une législation dure, fiscale, inflexible, conservatrice à outrance, réglementaire jusqu'à la minutie, hostile aux droits d'usage, qu'elle traite en suspects et en ennemis, exclusivement préoccupée de défendre par des pénalités sévères, par des condamnations pécuniaires très rigoureuses, sans admission possible de circonstances atténuantes, cette richesse de l'avenir contre laquelle se trouvent naturellement conjurées toutes les avidités, toutes les imprévoyances, toutes les misères ; législation, d'ailleurs, essentiellement contingente et particulière, qui s'explique par l'histoire, par la latitude, par le climat, édictée surtout en vue des régions forestières de l'Est et du Centre, — le chêne-liège n'y est ni mentionné, ni entrevu, ni soupçonné, — et pour une société très fortement organisée, où la propriété est constituée depuis des siècles, où le domaine de l'Etat, comme celui des communes et des particuliers, repose sur des titres, des bornages, un cadastre. »

« Telle est la loi écrite, et telle aussi l'Ecole faite pour l'appliquer. On n'y doit apprendre ni la souplesse qui tourne l'obstacle, ni l'indulgence qui ferme les yeux. On s'y imprègne de la règle professionnelle. Or, la règle n'est ni bienveillante, ni malveillante, mais technique et impassible. »

Nous renonçons à traduire ici la pénible impression que nous a laissée ce passage du rapport qui fait du personnel forestier une congrégation de fanatiques, ne connaissant qu'une chose : l'application aveugle et féroce de la loi. Lorsque l'on est provoqué, on est excusable, si dans le feu de la riposte, de la polémique on se laisse aller à des injures, à des expressions blessantes, à des termes de mépris. Mais était-ce le cas de la Commission sénatoriale ? Dans une assemblée où le bon sens et le sang-froid, l'équité, la logique sont de fondation, une telle dérogation à ces respectables traditions est incompréhensible, est sans excuse. Quel que soit le motif d'une pareille aberration des esprits, ce motif fût-il la nécessité de prouver envers et contre tous le besoin des pouvoirs forts, nous ne saurions l'admettre, pour notre part.

Que reproche-t-on aux forestiers ? D'avoir appliqué une loi inapplicable et de l'avoir exécutée comme jadis les janissaires exécutaient les ordres du Dey.

Sur le premier point, nous répondrons que cette loi tant incriminée, ce n'est pas les forestiers qui l'ont faite ou qui l'ont imposée, le couteau sur la gorge, au législateur. Il est stupéfiant que ce dernier fasse un crime à l'exécuteur de la loi de ne pas s'être révolté contre cette loi, ou d'avoir manqué à son principal devoir en ne la faisant pas respecter.

Qu'aurait-on dit s'il avait suivi ce dernier parti ? On n'eût pas manqué de le rendre responsable de l'affreuse situation actuelle ; il n'y eut pas assez eu d'imprécations dans le répertoire classique pour vouer aux gémonies l'administration inactive, impassible, inerte qui eût laissé se consommer devant ses yeux la dévastation de nos forêts. Elle a lutté autant qu'elle a pu pour conjurer, atténuer le danger ; c'est grâce à elle qu'il existe encore quelques arbres dans la Colonie ; elle a eu tort et son crime est impardonnable.

Le Code forestier est inapplicable aux indigènes, dit-on. Nous reviendrons sur ce point. Pour le moment, nous n'avons qu'à dire quelques mots sur ce point.

D'abord appartenait-il aux forestiers de discuter l'applicabilité de la loi. Pourquoi ne s'en prend-t-on pas aussi aux magistrats parce qu'ils appliquent le Code pénal aux indigènes, sans élever de protestations contre l'opportunité de cette application ? Que ne les flétrit-on aussi parce qu'ils font couper la tête à des musulmans assassins ? Est-ce que le Code pénal français a été fait pour ces derniers ? Ne serait-il pas plus juste de tenir compte de leurs habitudes qui « se perdent dans la nuit des temps » et de leur accorder de grandes récompenses chaque fois qu'ils tuent un infidèle ? Le Code pénal s'explique lui aussi par « l'histoire, par la latitude, par le climat » ; c'est donc à tort qu'on continue à l'appliquer aux indigènes. Ainsi le voudrait la logique en ce moment en honneur dans les hautes sphères de la politique !

Le rapport semble reconnaître que le Code forestier a eu comme objectif de « défendre cette richesse de l'avenir (les forêts) contre laquelle se trouvent conjurées toutes les avidités, toutes les imprévoyances, toutes les misères ». N'est-ce pas le cas en Algérie ? N'est-ce pas le tableau vrai des assauts continuels qu'a à subir ici le domaine forestier ? Enfin, est-ce que, ici plus qu'en France peut-être, à cause de la latitude, de la configuration, de la structure du pays, à cause du voisinage du désert, la forêt ne constitue pas la plus précieuse des richesses de l'avenir, la meilleure sauvegarde de la colonisation ? Quelqu'un peut-il concevoir la possibilité de la colonisation avec 55,000 hectares de forêts, ainsi qu'on l'a proposé plus haut ? Que celui-là qui aurait une pareille pensée, ose donc venir le proclamer tout haut ?

Le Code forestier a été édicté en vue d'une société, où la propriété repose sur des titres, des bornages, un cadastre, dit le rapport. Eh bien ! qui donc a empêché le législateur de faire toute diligence pour que, dans l'espace de quelques années, il en eut été ainsi en Algérie ? Nous voudrions bien savoir combien de minutes nos sénateurs ont consacrées à l'étude de ces graves questions ? Ce n'était, en somme, qu'une affaire d'argent. On en a bien trouvé, de l'argent, et beaucoup, pour l'instruction des indigènes (on verra les résultats sous peu) ; pourquoi donc n'en trouverait-on pas pour des choses de première nécessité et d'où dépend l'existence même de ces populations ? Serait-ce parce que l'on craindrait que cet argent ne fût dévoré par les colons ?

www.ingramcontent.com/pod-product-compliance
Ingram Content Group UK Ltd.
Pitfield, Milton Keynes, MK11 3LW, UK
UKHW021129220726
13924UKWH00004B/1978